AF343787

ARCHIVES

DE

L'AGRICULTURE DU NORD DE LA FRANCE

publiées par le COMICE AGRICOLE de Lille.

CONFÉRENCES

AGRICOLES.

2me et 3me SÉRIES (1).

(1) Les Conférences de la 1re série ont été faites par la Société Impériale des Sciences, de l'Agriculture et des Arts de Lille, avant la création du COMICE.

LILLE.
IMPRIMERIE DE LEFEBVRE-DUCROCQ
Place du Théâtre, 36.

CONFÉRENCES

AGRICOLES.

CONFÉRENCES

AGRICOLES

DU COMICE DE LILLE.

DEUXIÈME SÉRIE.

LILLE,

IMPRIMERIE DE LEFEBVRE-DUCROCQ ET Cie,

Place du Théâtre, 36.

1855

Plusieurs membres du Comice ayant spontanément voulu reprendre le cours des conférences agricoles qui, précédemment, ont jeté quelqu'éclat sur cette association (1), la société a dû céder à cette heureuse inspiration et enregistrer les noms suivants :

MM. P. Legrand, pour traiter de la Législation du drainage.

E. Demesmay, la Mécanique agricole.

J. Lefebvre, l'Histoire naturelle et agricole des céréales.

V. Meurein, l'Analyse chimique du sol arable de l'arrondissement.

Garreau, la Physiologie végétale, considérée dans ses applications à l'agriculture.

Charles, les Vices rédhibitoires.

Germain, l'Acclimatation des plantes, ses applications à l'agriculture.

Loiset, les Lois d'accroissement et de développement des animaux utiles à l'agriculture.

L. Defontaine, la Législation des cours d'eaux.

Lonck, de la Statistique des sinistres agricoles et des Institutions réparatrices.

Lecat, la Culture et la préparation agricole du lin.

C'est l'ensemble de ce confraternel enseignement qui a donné naissance à la présente publication, dans laquelle on regrette de ne plus rencontrer les noms de MM. Macquart, Le Glay, Bailly, Caloine, Meugy, Cazeneuve, qui figurent si honorablement dans les premières conférences de la Société agricole de Lille. D'autres collaborateurs viendront, il est vrai, remplir une partie des vides qu'ils ont laissés ; mais s'il leur est donné de suivre les traces de leurs prédécesseurs, ils ne sauraient les faire oublier, ni affaiblir les témoignages d'estime et de gratitude que leurs labeurs scientifiques ont su leur mériter du public agricole.

---

(1) Les premières conférences sont antérieures à la séparation du Comice d'avec la Société impériale des Sciences, de l'Agriculture et des Arts de Lille, elles datent de l'année 1841, et embrassent les travaux ci-après : par MM.

MACQUART, des Insectes nuisibles aux récoltes, aux arbres et aux bestiaux.

LE GLAY, de la santé des habitants de la campagne.

BAILLY, de la destruction des herbes nuisibles.

CALOINE, de l'Architecture rurale.

MEUGY, de la Géologie agricole.

CAZENEUVE, des assolements.

J. LEFEBVRE, de l'histoire et de la culture du froment.

P. LEGRAND, de la Législation rurale.

E. DEMESMAY, de l'Économie du bétail.

LOISET, de la Connaissance de l'âge dans les animaux domestiques.

ANALYSE

DES

CONFÉRENCES

TENUES

SUR LA LOI DU DRAINAGE [1]

Par M. Pierre LEGRAND, Député.

M. Legrand a la parole pour la conférence annoncée sur la législation du drainage.

Il commence par reconnaître qu'il n'a pas la prétention d'indiquer à ses auditeurs comment se pratique le drainage ; il les reconnaît volontiers pour ses maîtres sur ce point; ce qu'il cherche à enseigner, ce sont les moyens d'éviter les difficultés judiciaires qui, dans l'application d'une législation nouvelle, pourraient arrêter les cultivateurs.

Ceux de ses auditeurs, qui, dans une autre enceinte, déjà ont prêté une attention bienveillante à ses conférences, sur le droit rural, voudront bien se rappeler qu'il a circonscrit dans deux grandes divisions, *propriété* et *police*, toutes les dispositions légales qui intéressent l'agriculture ; qu'en ce qui concernait la propriété, il a avancé que ce droit sacré, respecté par tous les

---

[1] En attendant que la brillante et lucide improvisation de M. Legrand, qui a su pendant deux séances captiver l'attention du Comice , soit reproduite et complétée, la publication de cette analyse substantielle pourra être utilement consultée relativement aux difficultés légales que soulèveraien les améliorations tentées pour la pratique du drainage.

gouvernements réguliers, était cependant soumis, dans la pratique, à des restrictions légales commandées par l'utilité publique, et même, dans certains cas, par l'intérêt particulier.

Les restrictions commandées par l'utilité publique, ce sont notamment les *expropriations* pour grands travaux, *les dessèchements de marais* en vertu de la loi du 16 septembre 1807, les *servitudes des places* de guerre, etc., etc.

Les restrictions nécessitées par l'intérêt particulier, ce sont les servitudes régies par le code Napoléon.

Ces servitudes sont de deux espèces : ou résultant de la situation des lieux, ou imposées par la loi ; M. Legrand les énumère et les définit.

La loi du 10 juin 1854, sur le drainage, est venue apporter une nouvelle servitude à cette dernière catégorie, imposer conséquemment une nouvelle restriction à la propriété, dans l'intérêt de l'agriculture, en obligeant le propriétaire d'un fonds à recevoir les eaux provenant du drainage d'un fonds voisin.

Pour mieux faire comprendre la portée de la nouvelle loi, M. Legrand reproduit les dispositions de l'art. 640 du code Napoléon qui n'assujettit les fonds inférieurs, envers ceux qui sont plus élevés, à recevoir que les eaux qui en découlent *naturellement, et sans que la main de l'homme y ait contribué*.

Il démontre l'impossibilité d'établir le drainage, avec cette disposition. Il n'y a pas lieu à obtenir l'expropriation. Il fallait pour des opérations de ce genre, recourir à la loi du 16 septembre 1807, qui était loin d'être applicable dans tous les cas.

Passant à l'historique de la législation sur la matière, il signale la loi du 29 avril 1845 sur les irrigations qui, par un heureux défaut de logique, comprit une disposition qui permet au propriétaire d'un champ submergé, comme au détenteur d'un fonds privé d'eau, de s'ouvrir, moyennant indemnité, un passage par le fonds voisin, soit pour se fournir d'une eau salutaire, soit pour se débarrasser d'une eau nuisible.

Cet article 3 de la loi de 1845, dû à l'initiative de l'honorable

M. Levavasseur, est le germe de la législation du drainage.

« La même faculté de passage sur les fonds intermédiaires,
« dit cet article, pourra être accordée au propriétaire d'un ter-
« rain submergé en tout ou en partie, à l'effet de procurer aux
« eaux nuisibles leur écoulement. »

On ne s'occupait pas encore beaucoup du drainage, mais il y
avait, comme aujourd'hui, des terrains plus ou moins couverts
d'eau, et, dans ses premières applications, le principe posé par
l'article 3 de la loi sur les irrigations se heurta contre les dispositions de la loi du 16 septembre 1807.

M. Legrand rappelle ici l'affaire Chantraine.

Il s'agissait du dessèchement d'un étang ; fallait-il opérer
d'après la loi de 1807? Suffisait-il d'invoquer la loi de 1845? Les
commentateurs et, parmi eux, MM. Dalloz, Pellault et Daviel
s'accordent à considérer l'art. 3 de la loi de 1845 comme inconciliable avec la loi de 1807 ; et l'arrêt de la cour de cassation
du 26 mars 1849, tout en décidant que la loi de 1845 n'a point
abrogé la loi de 1807, consacre cette doctrine que la loi de 1807
reste entière pour les travaux d'intérêt général, tandis que la loi
de 1845 continue à s'appliquer aux travaux partiels entrepris
dans un intérêt privé.

Une nouvelle difficulté a surgi avec la propagation de la méthode du drainage : au propriétaire qui voulait écouler ses eaux
par le fonds voisin, pour arriver, à l'aide de drains, au fossé
évacuateur, on répondait que l'article 640 était inapplicable, attendu qu'il y avait travail de main d'homme. Invoquait-il l'art 3
de la loi de 1845, on lui disait que cet article ne concernait
que les terrains *submergés*, et que sa terre n'était point dans cet
état.

Une nouvelle loi était donc devenue nécessaire. Sollicitée par
l'agriculture, elle ne se fit pas attendre.

Ici, M. Legrand donne une lecture complète de la loi ; il annonce qu'il n'entrera pas aujourd'hui encore dans l'examen des
questions de détail que soulève chacun des articles ; il se bornera

à signaler la difficulté plus grande encore que présente, dans certains cas, l'application de cette loi, rapprochée de la loi du 16 septembre 1807.

D'après la doctrine de la cour de cassation, c'est la loi de 1807 qu'il faut suivre toutes les fois qu'il s'agira de travaux d'utilité publique.

Quand un propriétaire se bornera à drainer son champ, il ne rencontrera aucune difficulté dans l'application de la loi du 10 juin 1854. Mais cette dernière loi suppose (art. 3) que des propriétaires s'associeront pour assainir, au moyen de travaux d'ensemble, leurs propriétés, par le drainage; les associations peuvent même être constituées en syndicats.

Il y a plus; aux termes de l'art. 4, les travaux de ces associations, qui embrasseront quelquefois un département, peuvent être déclarés d'utilité publique.

On se demande, en invoquant l'opinion des auteurs cités plus haut, et la doctrine de la cour de cassation, à propos de l'art. 3 de la loi de 1845, s'il est encore possible, dans ce dernier cas, de considérer la loi de 1807 comme existante, et si tous les dessèchements de marais, jusqu'ici soumis à des formalités administratives, protectrices des droits de tous, ne pourront pas être effectués, à l'aide des dispositions plus sommaires de la loi de 1854.

Il n'a pas dépendu des orateurs du Corps législatif que cette question ne fût décidée dans la discussion à laquelle a donné lieu la loi du drainage (1). Malheureusement elle est restée entière, car ce n'est pas la trancher que de dire avec un honorable orateur du Conseil d'état : « Les deux législations « demeurent debout ; ce sont deux sœurs qui marchent parallè- « lement, sans se heurter, et mues par un esprit d'assistance « mutuel. »

S'il devait donner son avis sur la question, M. Legrand pen-

(1) Moniteur du 14 Mai 1854.

serait que l'antinomie réelle qui existe entre les deux lois peut soulever, dans la pratique, de graves difficultés que la sagesse seule de l'administration peut prévenir, en imposant aux associations qui solliciteraient, aux termes de l'art. 4, un décret d'utilité publique, des conditions empruntées aux formalités tutélaires de la loi de 1807.

M. Legrand termine son improvisation en annonçant que, dans la prochaine séance, il examinera chacun des articles dont se compose la loi.

Après avoir résumé les principes généraux traités dans la première séance, M. Legrand annonce qu'il va examiner les questions de détail que peut soulever chacun des articles de la loi du 10 juin 1854 ; mais, auparavant, il est heureux de pouvoir étayer l'opinion qu'il a émise au sujet de l'inconciliabilité de cette loi, avec la loi de 1807, par l'opinion des graves auteurs du *Journal des Communes*, qui, dans un des plus récents numéros du recueil, considèrent, ainsi que lui, la loi de 1807 comme désormais battue en brèche par les facilités que donne la loi nouvelle.

M. Legrand compte sur la sagesse de l'administration qui ne manquera pas de sauvegarder les intérêts généraux par des conditions imposées aux associations qui entreprendraient de grands travaux d'ensemble qu'elles voudraient rendre d'utilité publique.

Sous le bénéfice de ces observations générales, M. Legrand analyse l'article 1.er de la loi dans lequel il fait remarquer : 1.º le droit nouveau introduit ; 2.º le mode d'exercice de ce droit 3.º l'application du principe de l'indemnité préalable ; 4.º une exception protectrice du domicile.

1.º Le droit nouveau, c'est la servitude créée au profit du fonds supérieur qui a besoin d'être assaini.

Des auteurs, notamment M. Bourdillat, ont signalé la différence des termes dont s'est servi le législateur pour la loi des irrigations de 1845, et la loi de drainage de 1854.

« Tout propriétaire qui voudra, etc. etc., dit la première de ces lois, *pourra obtenir le passage*, etc.

« Tout propriétaire qui veut, etc., etc., dit notre loi du drainage, *peut en conduire les eaux*.

Ils infèrent de l'énergie plus grande de cette dernière expression que la loi d'irrigation ne donne pas un droit *de plano* ; qu'elle permet seulement aux tribunaux d'accorder la servitude à ceux qui la demandent, tandis que le droit de drainer dérive de la loi, et ne dépend pas de l'arbitraire du juge.

Ils citent l'opinion de M. Heurtier, commissaire du gouvernement, qui disait dans la discussion : *Le juge n'aura pas à se prononcer sur l'établissement de la servitude, car la servitude est établie sur la loi elle-même ;* ils citent aussi ces paroles d'un autre commissaire du gouvernement, M. Flandin : *La Commission et le Conseil-d'État ont considéré que, dans le jugement des litiges que peut soulever l'application de la loi, il ne s'agit pas de questions de droit, mais de simples constatations de fait faciles à opérer par le juge de paix.*

Suivant eux, enfin, le droit nouveau doit être assimilé au droit établi par l'art. 682 du Code Napoléon, à propos de l'enclave.

M. Legrand combat cette interprétation donnée à la loi nouvelle, par l'opinion du rapporteur lui-même, M. Gareau, qui a soin de dire : *L'art. 1.ᵉʳ reproduit le principe posé dans l'art. 3, de la loi du 29 avril 1845, et impose la servitude de passage au profit du fonds supérieur pour l'émission des eaux nuisibles. Ce n'est donc point un droit nouveau que crée la loi actuelle.*

Quant à l'assimilation avec le principe de l'art. 682, elle est exacte ; mais, pas plus pour le drainage que pour l'irrigation ou l'enclave, il ne faut proclamer qu'il y a des droits absolus qui s'exercent *de plano*. Toutes les fois qu'une résistance se présentera, il sera indispensable d'en référer au juge, et il n'est pas vrai de dire qu'en matière de drainage, il ne s'agira que de simples constatations de fait, facilement opérées par le juge de paix ; il y aura au contraire d'épineuses questions de droit pour la décision desquelles les lumières des tribunaux ne seraient pas superflues.

Ici M. Legrand prévoit, pour les résoudre, quelques-unes de ces questions que la pratique peut varier à l'infini.

Le fonds supérieur peut répandre ses eaux sur le fonds inférieur, mais encore faut-il que ces eaux soient spontanées ; qu'elles soient le produit du fonds ; qu'elles n'y aient pas été amenées par un travail artificiel. On refuserait avec raison l'eau qui proviendrait d'un puisage ou qui serait conduite par une machine à vapeur.

Et si elles ne sont pas seulement extraites d'un sol imbibé, si elles viennent d'un marais, d'un étang ?

A supposer les eaux de nature à forcer le passage, n'y aura-t-il pas à examiner si le passage est nécessaire ? Si le fonds qui s'en débarrasse n'est pas lui-même bordé de fossés suffisants à les recevoir ? si, au-delà du fonds qu'on veut grever, il y a des fossés évacuateurs ou des rigoles d'écoulement ?

S'il n'y a pas sur le fonds supérieur de fossés ou rigoles, n'y a-t-il pas des mares, faux-puits ou autres voies d'absorption qui permettraient de retenir les eaux du drainage, sans les conduire chez le voisin ?

Enfin, comme en matière d'enclave, la direction à donner à l'aqueduc n'est pas indifférente pour le propriétaire qui doit supporter la servitude ; il faudra s'entendre pour le trajet le plus court, le moins gênant.

2.º L'exercice du droit pourra aussi apporter une grande gêne au propriétaire du fonds asservi.

La loi ne permet pas seulement la conduite d'eau par le moyen de drains, c'est-à-dire souterrainement ; elle l'autorise aussi à ciel ouvert. *Que les drains soient établis avec des empierrements*, dit l'exposé des motifs, *ou faits en bois, en fascines, en gazon ou en tourbes, que des tuiles ou des tuyaux soient employés pour l'assèchement du sol, la loi ouvre, dans tous les cas, un passage aux eaux sur les fonds intermédiaires entre le terrain drainé et la voie d'écoulement.*

C'est au propriétaire du fonds supérieur à choisir le mode qui lui convient. En cas de discord amené par l'aggravation trop grande de la servitude du fonds inférieur, c'est au juge à prononcer.

L'entretien par curage ou autrement des aqueducs est à la charge de celui qui a créé la servitude ; c'est l'application du principe posé par les articles 696 et 697 du Code Napoléon.

3° Le propriétaire du fonds assujetti ne peut être soumis à cette nouvelle servitude que moyennant une juste et *préalable* indemnité.

D'après l'article 682 du Code Napoléon, il est dû aussi une indemnité à celui qui est obligé de fournir un passage au propriétaire enclavé, mais cette indemnité, arbitrée par le juge, suivant les circonstances, n'est pas exigée *préalablement*. La nouvelle loi se rapproche, sur ce point, des principes généraux en matière d'expropriation, proclamés par toutes les constitutions et par la loi spéciale du 3 mai 1841.

Cette indemnité sera plus ou moins forte selon que l'on drainera à ciel ouvert, ou souterrainement. Elle sera toujours difficile à fixer avant que les travaux soient terminés. Il ne s'agit pas ici, comme en matière d'expropriation ordinaire, d'un terrain connu, c'est le mode d'exécution du travail, ce seront les précautions prises qui détermineront le dommage et la hauteur de l'indemnité.

Il y a à craindre aussi que les difficultés sur le chiffre de l'indemnité, débattu à l'avance, n'entravent des travaux urgents. Mais toutes ces considérations ont dû céder devant le respect de la propriété.

4.° Il y a une exception à l'exercice de cette servitude : c'est dans le cas où il s'agirait de traverser des maisons, cours, jardins, parcs et enclos attenants aux habitations.

« La servitude, dit l'exposé des motifs, s'arrête au seuil de l'habitation, et le dogme de l'inviolabilité du domicile, qui protége la maison du citoyen contre les importunités, le trouble, le danger même d'un accès contraire à sa volonté, s'applique également aux annexes et dépendances de l'habitation. »

Cette exemption est la seule que la loi ait prévue. La servitude frappe aussi les biens des mineurs et autres qui leur sont assimilés, elle atteint même les chemins publics et terrains militaires, toutes les fois qu'un intérêt général plus absolu, dont l'administration est juge, ne vient pas y mettre obstacle.

L'article 2 de la loi admet à la jouissance des travaux de drainage, pour l'écoulement des eaux de leurs fonds, les propriétaires des fonds *voisins* ou *traversés*, moyennant une participation dans les dépenses des travaux et de leur entretien.

Le mot *voisins* s'applique plutôt au voisinage des drains et de l'aqueduc, qu'au voisinage de la propriété, sans pourtant exclure celles des propriétés plus ou moins proches auxquelles les travaux déjà faits pourraient être utiles.

Ainsi, les propriétaires de ces fonds pourraient se servir des tuyaux posés pour y conduire leurs propres eaux.

M. Legrand rappelle, à cette occasion, qu'un des grands bienfaits de l'opération du drainage n'est pas seulement de purger le sol des eaux qui l'inondent, mais encore de procurer des eaux salutaires aux fonds altérés ; il se demande si la faculté donnée aux *voisins* et aux *traversés*, de conduire leurs eaux superflues dans les aqueducs, comporte celle d'en extraire, au moyen d'une saignée, les eaux nécessaires à l'irrigation. Il penche pour la négative, les servitudes étant de droit étroit.

Quant à la part proportionnelle à supporter, il faut prendre en considération plutôt la valeur *actuelle* des travaux que leur prix de revient.

Au reste, on appliquera, par analogie, les règles du Code Napoléon sur la mitoyenneté.

Passant à l'art. 3.ᵉ de la loi, M. Legrand indique le but du législateur, qui a voulu, autant que possible, favoriser les travaux d'ensemble. Ainsi, les propriétaires peuvent se réunir, et pour donner plus de force à leur association, ils peuvent être constitués en syndicats par arrêté du Préfet. Dans ce cas, ils jouissent des facilités que leur ouvre la loi du 14 floréal an XI, sur le curage des canaux, de dresser des rôles de répartition que le Préfet rend exécutoires, et de faire juger leurs contestations par le Conseil de Préfecture. Toutefois, il est bien entendu que quel que soit le caractère légal qu'un arrêté du Préfet imprimera au syndicat, il ne liera que les associés, et pour la question des frais seulement. La majorité des propriétaires d'un bassin ne pourra pas, en se syndiquant, imposer sa volonté à une minorité ou à une individualité récalcitrante, c'est ce que décide formellement le rapport de la Commission.

La loi va même plus loin, elle autorise, dans son article 4, non-seulement les associations dont on vient de parler, mais encore les communes et les départements à faire déclarer d'utilité publique, par décret rendu en Conseil-d'Etat, les travaux entrepris pour faciliter le drainage, ou pour tout autre mode d'assèchement.

C'est à ces articles que M. Legrand faisait allusion quand, au début de sa première conférence, il signalait l'inconciliabilité de la loi actuelle avec la loi du 16 septembre 1807, sur le dessèchement des marais.

On comprend la différence entre les deux lois, tant qu'il s'agit de distinguer entre un travail partiel et un travail d'intérêt général. Or, n'est-ce point un travail de cette dernière catégorie que prévoit l'art. 4, qui suppose une déclaration d'utilité publique et une faculté d'expropriation?

Cette expropriation, à quoi s'applique-t-elle principalement? à des canaux ou autres voies d'écoulement nécessaires pour recevoir les eaux conduites par les drains. La loi ne semble prévoir que des fossés évacuateurs.

Par quels procédés aura-t-elle lieu? Non par les principes de la loi de 1841, mais par les règles de la loi de 1836, sur l'ouverture et le redressement des chemins vicinaux.

Il y aura bien un jugement d'expropriation, mais quatre jurés, au lieu de douze, seront appelés à évaluer l'indemnité qui devra toujours être préalable.

Cet emprunt à la loi du 21 mai 1836 est un pas de plus vers l'assimilation des cours d'eau aux voies de terre, assimilation réclamée depuis si longtemps au conseil général du Nord, par notre collègue, M. Louis Defontaine.

M. Legrand arrive à la question de compétence. D'après l'article 5, les litiges que peut soulever l'application de la loi sont portés, en premier ressort, devant le juge-de-paix, qui peut, s'il y a lieu à expertise, ne nommer qu'un seul expert.

M. Legrand regrette que l'on n'ait point saisi de ces questions, comme on l'avait fait pour la loi d'irrigation de 1845, les tribunaux de première instance. Suivant lui, on ne s'est pas rendu un compte suffisant des difficultés que présenterait l'application de la loi, on n'y a vu que des constatations matérielles à opérer. Il croit avoir démontré qu'il n'en serait pas ainsi. Il se présentera des circonstances où le même tuyau de drainage touchera deux cantons, quel sera le juge en cas de difficulté ? Il arrivera aussi que le même travail, servant à l'irrigation et au drainage, rencontrera deux juridictions différentes. Vainement on tentera de parer à quelques-uns des inconvénients signalés en soumettant, par une modification apportée à la loi de 1845, les questions d'irrigation aux juges-de-paix; il aurait paru à M. Legrand plus conforme aux principes, et plus utile aux justiciables qu'on soumit aux tribunaux de première instance les questions de drainage qui intéressent à un si haut point la propriété.

Il ne suffisait pas de procurer les moyens d'amener à bien l'opération si favorable du drainage, il fallait encore protéger, par une forte pénalité, les travaux contre un esprit méchant de destruction. Aussi, l'article 6 a-t-il autorisé l'application de l'article 456 du Code pénal. Mais cet article 6 ne parle que *des conduits d'eau* ou *fossés évacuateurs* : s'en suit-il que les autres travaux ne soient pas défendus de la même manière par la loi contre des entreprises de destruction ?

M. Legrand explique ici l'apparente imprévoyance de la loi.

L'article 4 du projet avait été rédigé en vue de la création des fossés d'écoulements ou évacuateurs, et ne s'appliquait pas à autre chose. L'article 6 devait se ressentir de cet esprit. Il suffisait de prévoir la destruction du drain — conduit d'eau — et du fossé d'écoulement ou évacuateur.

Mais les termes de l'art. 4 ayant paru, pour bien des raisons, trop restrictifs à la Commission, on y substitua le mot générique *travaux* qu'on eut le tort de ne pas substituer aussi aux expressions limitatives de l'article 6. L'observation en fut faite dans la discussion (1) ; elle fut trouvée juste par un des orateurs du Gouvernement qui, cependant, pensa que, à défaut de la législation spéciale, la répression de tous délits contre les travaux de drainage serait suffisamment garantie par les articles 456 et 457, qui énumèrent les modes d'obstacles qui pourraient être apportés à l'écoulement des eaux.

M. Legrand termine sa conférence en rappelant qu'aux termes de l'article 7 et dernier de la loi, il n'est aucunement dérogé aux lois qui règlent la police des eaux.

Il espère que, bien que trop sommaires sans doute, les explications qu'il a données sur la législation du drainage pourront être de quelqu'utilité à ses collègues praticiens du Comice ; il se met d'ailleurs complètement à leur disposition pour le cas où des difficultés se présenteraient.

(1) *Moniteur* du 14 mai 1854.

PREMIÈRE CONFÉRENCE AGRICOLE

SUR LA

PHYSIOLOGIE DES RACINES

ET

SES APPLICATIONS A LA CULTURE,

Par M. le Docteur GARREAU.

Parmi les organes qui concourent à la nutrition des plantes, les racines exigent, plus que tout autre, de la part du praticien, de l'entendement et des soins assidus pour entretenir autour d'elles les conditions les plus favorables à l'accomplissement de leurs actes physiologiques. Formées, en effet, de tissus plus mous, plus délicats que ceux dont la tige se compose, dépourvues d'épiderme à leurs extrémités naissantes et, ordinairement, plongées dans un milieu où l'excès d'eau, de sécheresse et de cohésion peut les sevrer successivement d'air, d'humidité et de l'espace dans lequel elles devraient s'étendre et puiser les matériaux de la sève, elles réclament sans cesse, de la part du cultivateur, des précautions hygiéniques que la pratique des choses a, il est vrai, appris à connaître, mais qui, malheureusement, sont trop fréquemment négligées. Rappeler quelques-uns des préceptes qui découlent des données physiologiques pour les appliquer aux besoins de ces organes, peut donc encore, dans cet état de choses, devenir de quelque utilité. Dans ce court exposé, nous nous dispenserons de faire ressortir l'importance du rôle des racines dans l'économie du monde organique, car chacun sait que les frêles organismes qui les composent établissent la première étape où la matière brute du sol qu'elles affectionnent commence à se transformer en matière vivante ;

que sans elles ou sans les organes qui en tiennent lieu, tout ce qui vit serait bien près de mourir; enfin, que cette matière qu'elles associent à la vie, qu'elles animent aujourd'hui pour nous, demain et avec nous leur sera rendue inerte et qu'elles constituent, ainsi, le premier anneau de la chaîne qui relie le sol à l'animal, le premier chantier où le minéral s'organise et s'imprègne de vie. Mais cette admirable et mystérieuse transmutation qui semble se faire, en quelque sorte, d'elle-même, ne peut cependant, comme tout ce qui est sous la dépendance de la vie, s'exécuter régulièrement et avec profit sans un concours de conditions aussi nécessaires à l'ensemble de la plante qu'elles sont indispensables au libre exercice de chacune des fonctions particulières qui les réclament.

1° La racine vit, par conséquent elle respire, il lui faut de l'air.

2° Elle fixe la plante, il lui faut un milieu propice pour le faire.

3° Elle absorbe et fait circuler les matériaux de nutrition à l'état de dissolution seulement, il lui faut de l'eau, des engrais et l'action excitante d'un certain degré de chaleur.

Réunir le concours simultané de tous ces agents, les proportionner aux besoins de la plante, tels sont les préceptes, et si des obstacles se présentent dans leur application entière, tous les efforts doivent tendre à s'en rapprocher le plus possible.

La graine que l'on confie à la terre dans des conditions convenables d'aération, d'humidité et de chaleur, développe, après un temps variable suivant l'espèce, le jeune embryon qui en constitue l'essence, lequel après avoir rompu, par le fait de son accroissement, l'enveloppe ou épisperme qui le protégeait captif, émet la jeune racine qui se fixe dans le sol et pourvoira, désormais, aux besoins de la jeune plante. Mais cette radicule qui, dans son accroissement, semble devancer celui des autres parties de la graine, n'existait pas encore avant le germination; elle a pris naissance pendant cet acte, à l'extrémité inférieure de la tigelle appelée corps radiculaire et qui s'est allongée de haut en bas. A mesure que la racine s'accroît, elle continue à prendre une direction opposée à celle de la tige, c'est-à-dire qu'elle pénètre de plus en plus dans le sol si ce dernier lui offre, à toute profondeur, les mêmes conditions qu'à sa surface, tandis que cette dernière s'élève ou tend à s'élever dans l'air. Cependant, les milieux aérien ou souterrain ne suffisent pas pour faire distinguer nettement les racines des tiges, car bon nombre de végétaux et entr'autres les plantes à rhizome, la plupart des plantes vivaces ont leurs tiges enfouies dans le sol, n'émettant à l'air que leurs rameaux ou leurs feuilles, et sont, comme les racines, plus ou moins complètement décolorées.

Deux caractères également importants peuvent, dans ces cas, lever facilement le doute. Le premier, et le plus saillant, consiste dans la présence de bourgeons symétriquement disposés et dans celles des cicatrices que les feuilles et les rameaux montrent sur l'axe, ces organes ou leurs empreintes régulièrement disposés ne pouvant exister que sur des tiges; le deuxième, consiste dans le mode d'élongation qui, dans les racines, ne se fait que par le sommet ou extrémités, tandis que dans la tige elle a lieu, pendant un certain temps au moins, à la fois, par le sommet et dans toute l'étendue de l'axe.

A mesure que la jeune racine et la tige qu'elle supporte s'accroissent, elles épuisent à leur profit les matériaux nutritifs accumulés dans les petites feuilles cotylédonnaires de l'embryon, et il arrive bientôt que l'une et l'autre doivent puiser dans le monde extérieur les matériaux de leur accroissement, la première dans le sol, la seconde dans l'air atmosphérique; et à mesure que le travail d'assimilation se continue, à mesure que les axes aérien et souterrain se développent il se forme sur différents points de leur étendue des dépôts de matériaux nutritifs fournis par la sève élaborée ou nœuds vitaux qui, peu apparents sur les racines, se montrent le plus souvent sur la tige, les branches et les rameaux, aux points d'insertion des feuilles,

tantôt sous forme de bourrelets annulaires, tantôt sous celle
de points proéminents situés aux côtés du coussinet de ces
organes ou à leur aisselle. Ce sont ces nœuds qui, dans le
maïs, la canne à sucre, le bambou, la vanille, les fraisiers,
etc., donnent naturellement naissance aux racines désignées
sous le nom d'adventives. Mais en dehors de ces nœuds
vitaux apparents et symétriquement disposés comme les feuilles
qu'ils accompagnent à leur point d'annexion à la tige ou au
rameau, il en est d'autres à l'état latent, également formés
par la sève élaborée, que l'œil ne peut discerner et qui, le plus
souvent, disséminés sans ordre appréciable sous l'écorce des
racines et des tiges, n'attendent qu'une occasion propice pour
donner naissance à des racines en tout semblables aux précédentes dans leur composition organique et leurs fonctions.
D'après cela le grand art de multiplier les espèces, les races et
les variétés repose, en partie, sur ces deux principes : 1.º accumulation de la sève élaborée là où l'on se propose de déterminer
la formation de racines ; 2.º fixation de ces parties dans les
conditions du développement de ces organes, ces conditions précédemment indiquées étant celles qui conviennent à leurs fonctions.

A part le rôle qui leur est presque généralement dévolu, de
fixer le végétal dans le milieu propre à subvenir aux principaux
besoins de la nutrition, les racines ont pour objet principal
d'absorber le liquide nourricier de ce milieu et de le transmettre,
après un commencement d'élaboration, aux parties aériennes ou
ascendantes de la plante. Mais cette importante fonction exige,
pour la plénitude de son exécution, que la racine reçoive avec
l'eau chargée des matériaux à élaborer qu'elle absorbe, un
degré convenable de chaleur et une certaine quantité d'air nécessaire pour lui imprimer l'excitation sans laquelle ces fonctions languissent ou cessent complètement. Tout le monde sait,
en effet, que les phénomènes de la végétation sont d'autant moins
marqués que la température baisse davantage, qu'en hiver, dans

nos climats, ils sont à peu près nuls dans la plupart des plantes, et, qu'une racine à laquelle on interdit l'accès complet de l'air cesse de se développer, et, si elle est très-jeune peut cesser complètement de vivre. C'est que cet organe, en effet, comme tout ce qui a vie, doit respirer, et que cette fonction est d'autant plus impérieuse que l'organe qui en est le siége est plus jeune et plus vivant.

On peut, à l'aide d'expériences directes, déterminer le genre d'action et l'importance de l'air sur les racines, il suffit pour cela de les plonger dans une atmosphère composée de gaz impropres à la respiration tels que l'acide carbonique, l'azote, l'hydrogène, etc., pour les voir périr en peu de jours avec la tige qui les porte, tandis que si cette atmosphère est composée d'air atmosphérique elles continuent à vivre sans altération. Mais dans ce dernier cas, si l'on fait l'analyse de l'air confiné sous la cloche et dans lequel la racine a respiré, on remarque qu'il a éprouvé les mêmes changements que celui qu'y détermine la respiration animale, c'est-à-dire que l'oxygène de cet air a été tranformé en acide carbonique. Mais toutes les parties de la racine n'agissent pas ici, avec la même activité, le corps et les rameaux radicaux respirent beaucoup moins que les extrémités déliées de cet organe. Cette différence tient à deux causes dont l'une d'elles nous arrêtera quelques instants; la première se rapporte à l'étendue et à la perméabilité de la surface absorbante, relativement plus grandes des fibrilles; et la seconde, à la prédominance de la matière animale ou azotée qu'elles contiennent, matière qui est le siége de la respiration chez les plantes.

Si l'on fait respirer des racines de même volume et approximativement de même surface, dans des atmosphères égales et à la même température, on remarque qu'elles consomment d'autant plus d'oxygène en consumant leur carbone qu'elles renferment de plus fortes proportions de matières animales vivantes, ce que confirment les résultats inscrits au tableau ci-joint où le volume de l'organe est pris pour unité dans la mesure en volume de l'oxygène transformé par l'acte respiratoire à la température de 17 degrés centigrades.

DÉSIGNATIONS des RACINES, BULBES ET TUBERCULES.	VOLUME d'oxygène transformé en acide carbonique en 24 heures.	OBSERVATIONS.
Racine de betterave à collet vert.	0,3	L'azote organique
Tubercule de pomme de terre.	0,4	n'a été dosé que pour
Bulbe de lys	0,4	les N.os 1, 2, 6, 7 et
Racine de bistorte.	0,4	10, qui ont donné les
Id. de panais	0,6	quantités suivantes,
Id. de carotte.	0,9	savoir :
Id. de rave.	1,0	Betterave..... 1,10
Chevelu et fibres de seneçon. .	5,4	Pomme de terre 1,50
Id. id. de mercuriale .	5,5	Carotte 1,60
Id. id. de pavot blanc.	7,0	Rave 1,50
Id. id. de jeunes laitues.	7,1	Pavot blanc... 6,00

La conséquence à tirer de cette différence dans l'intensité de l'action du chevelu, du corps et des rameaux des racines sur l'air qui les environne, c'est que ces derniers, qui respirent peu, se gorgent de fécule, de pectine, de sucre, de ligneux, d'inuline et prennent la consistance charnue ou ligneuse si on les sèvre, en partie, du contact de l'atmosphère, tandis que les premiers, chez lesquels la respiration est très-active, ne donneront jamais naissance aux mêmes produits, l'un des éléments nécessaires à leur formation, le carbone ayant été consumé par l'acte respiratoire. Or, la déduction pratique qui en surgit, c'est que l'on peut, en graduant l'action de l'air sur le corps des racines, modifier en plus ou en moins quelques-uns des produits immédiats qu'elles fournissent. M. Decaisne, dans son travail plein de détails intéressants sur la betterave, remarque

que la portion de cette racine qui s'élève au-dessus du sol est
beaucoup moins riche en sucre que celle qui plonge au-dessous
de lui, les cultivateurs et les fabricants firent la même observation et cette différence doit être attribuée à l'action de l'air qui
s'exerce plus facilement sur la partie déchaussée : et le fait est si
vrai que celles de ces racines qui sont enfouies jusqu'au collet deviennent plus riches en matière sucrée et que d'ailleurs, il s'applique aussi bien aux parties aériennes des plantes qu'aux racines :
car chacun sait que les tubercules des topinambours, de la
pomme de terre, qui ne sont que des rameaux gorgés de fécule,
ne donnent de produits abondants qu'autant qu'on les préserve
du contact de l'excès d'air atmosphérique en relevant la terre
sur la partie inférieure des tiges qui les portent. Il est bien
évident, cependant, que l'art ne peut, dans ces cas, que fécon-
der les prédispositions individuelles à créer ces produits en les
plaçant dans les conditions les plus favorables à leur formation.

Les parties fibreuses et chevelues des racines que l'on sèvre
complètement du contact de l'air, entraînent l'état de souffrance
et même le dépérissement complet de la tige qui les porte. Si
l'on vient à accumuler sur les racines d'un arbre qui prospère
une couche épaisse de bonne terre, les racines les plus profondes, quoique plongées dans un bon sol, meurent bientôt et il
s'en forme de nouvelles sur les plus supérieures qui se rap-
prochent d'autant de la surface de la terre pour requérir le
contact de l'air qui la pénètre. Quant aux plantes pivotantes dont
les racines sont souvent très-developpées et profondes, elles ne
prospèrent guère que dans une terre sèche dure ou légère qui
l'une et l'autre donnent un libre accès à l'air à une grande
profondeur.

L'excès d'eau, pour la plupart des plantes terrestres, devient
presque constamment nuisible, non pas que ce liquide le soit par
lui-même, mais il le devient parce que l'espace qu'il occupe ne
l'étant plus par de l'air nécessaire à la respiration des racines,

cette fonction, l'absorption et l'élongation de ces organes, ne s'exécute plus que d'une manière incomplète, car toutes ces fonctions sont solidaires, et les parties aériennes de la plante comme ses racines en reçoivent nécessairement des atteintes d'autant plus fâcheuses que l'eau qui a envahi le sol est plus croupissante et, par conséquent, plus dépourvue de gaz respirable.

C'est pour remédier aux effets de la surabondance de l'eau dans le sol, ou pour les prévenir en y introduisant de l'air, que les Hollandais placent, depuis des siècles, des fascines dans les excavations qui doivent recevoir des plantations d'arbres, but que l'on atteint bien plus sûrement et que l'on généralise aujourd'hui à l'aide du drainage dont les heureux résultats, grâce à la vigoureuse impulsion que lui ont donnée notre honorable président M. Julien Lefebvre et MM. Vandercolme et Demesmay dans le département du Nord, constitue l'une des conquêtes les plus importantes qui aient été faites depuis longtemps sur la timidité, souvent fondée, pour les innovations agricoles.

C'est encore par le manque d'air atmosphérique que les graines enfouies trop avant dans le sol pourrissent ou se conservent intactes plutôt que de germer et qu'elles réclament d'y être plongées à des distances plus ou moins voisines de sa surface suivant qu'il est plus ou moins humide, argileux dur ou léger et qu'il peut, en conséquence, donner accès à cet air à une profondeur plus ou moins grande : aussi les semis en pots réussissent-ils beaucoup mieux que ceux faits en pleine terre, et dans cette dernière donnent-ils des résultats d'autant plus avantageux qu'elle est moins susceptible de former croute ou de se tasser sous l'influence de la pluie, comme le terreau mêlé de sable siliceux grossier et la terre de bruyère.

L'une des fonctions les plus importantes des racines est l'action absorbante qu'elles exercent sur l'eau plus ou moins chargée des matériaux nutritifs qui imprègne le sol, et la part relative qu'y prend chacune de leurs parties. On conçoit aisément, en effet,

que l'on aura dans la transplantation certaines précautions à
prendre pour ménager celles de ces mêmes parties qui sont le
siége principal de cette fonction. Or, l'expérience démontre que
le corps et les rameaux radicaux qui, comme nous venons de
le voir, respirent peu, ne jouent aussi qu'un rôle très-borné dans
l'absorption, et il suffit pour se convaincre de cette vérité, de
plonger une rave ou un navet dans l'eau à l'exclusion de leurs
extrémités fébrillaires et des feuilles, pour les voir se flétrir
rapidement et pour constater que l'eau dans laquelle elles sont
immergées conserve, ou à peu près, son niveau dans le vase qui
la contient; tandis que si l'on fait l'épreuve inverse, c'est-à-dire
que, si l'on immerge leurs racines par les extrémités fébrillaires
seulement, elles continuent à végéter sans se flétrir, l'eau du
vase est rapidement absorbée et disparaît; or, les points dans
lesquels l'absorption se localise sont précisément ceux qui sont
le siége le plus actif de l'acte respiratoire, ce sont les fibrilles
et plus spécialement leurs extrémités naissantes que l'on a
désignées sous le nom de spongioles et que leur tenuité et la
mollesse de leur tissu exposent à être facilement brisées dans la
transplantation.

On doit donc, dans cette opération, s'appliquer à les ménager
autant que possible si l'on ne veut pas voir naître une rupture
d'équilibre entre l'absorption des racines et l'exhalation aérienne
de la plante qui provoquerait sa flétrissure, et par suite, un
retard plus ou moins long dans sa végétation jusqu'à ce que de
nouvelles fibrilles se soient formées. Chacun sait que l'on évite
cet inconvénient par la transplantation en mottes et que ce mode
opératoire est d'autant plus indispensable que la plante est en
général peu éloignée de l'époque de la germination, ou qu'elle
évapore davantage. Plus tard, la mutilation des fibrilles est
moins préjudiciable parce que la racine s'est munie, par le fait
de son accroissement, d'un axe prosenchymateux dont l'action
capillaire compense l'activité organique des spongioles et permet
un libre jeu au liquide du sol sollicité par l'action exhalante et

évaporatoire des feuilles (1). Dans tous les cas si l'on juge que la mutilation des spongioles a eu lieu dans une proportion notable, on devra donc, pour rétablir l'équilibre de l'absorption avec celle de l'exhalation des feuilles, déterminer l'ablation d'une partie de ces dernières. On sait, du reste, que le temps se charge fréquemment de ce soin puisque l'on voit souvent, après la transplantation, les feuilles les plus inférieures de la plante se flétrir et mourir. Que l'on se dispense de ce soin pour les espèces robustes ou celles qui évaporent peu, tels que les choux, les colzas, les plantes à feuilles charnues, etc., cela peut ne pas nuire, et on est même en droit de penser que les parties qui se flétrissent, cèdent, pendant ce changement, de leurs principes organisateurs aux parties végétantes voisines. Mais pour les plantes plus délicates et qui évaporent abondamment, cette pratique, comme l'indique la théorie, est la seule de laquelle on doive attendre des résultats : à moins, cependant, que l'on tempère l'évaporation foliaire par une atmosphère convenablement saturée d'humidité. Quand les racines appartiennent à des plantes bisannuelles ou vivaces chez lesquelles la végétation de l'année précédente a déterminé l'accumulation d'une provision de matériaux nutritifs, on conçoit aisément que malgré la mutilation de leurs extrémités, les précautions précédemment indiquées deviennent inutiles, puisque, d'une part, on les transplante à l'époque où elles sont privées de feuilles et que, de l'autre, ces organes ont en eux les ressources à l'aide desquelles ils formeront de nouvelles fibrilles. Cette dernière et précieuse faculté qui, comme nous l'avons déjà exposé, se lie à la présence de nœuds vitaux latens, s'étend aussi aux portions aériennes des plantes, car chacun sait que la multiplication par marcotte et par boutures repose sur le même principe, c'est-à-dire sur l'accu-

___

(1) Il est bon de remarquer que l'absorption capillaire est moins énergique et moins avantageuse que celle qui se fait par les spongioles, organes dans lesquels le fluide absorbé reçoit, en outre, un commencement d'élaboration.

mulation de la sève élaborée et la présence d'embryons visibles ou latens dans des points déterminés des tiges, des rameaux ou des feuilles, dépôts et embryons, qui, mis dans des conditions favorables, donneront naissance à des racines adventives.

L'art de l'horticulteur consistera, dès lors, dans l'application judicieuse des moyens propres à déterminer l'accumulation de la sève descendante dans les points les plus propices, ou sur ceux dans lesquels il désire amener la formation des racines. Dans le cours naturel de la végétation, cette accumulation s'effectue aux parties latérales de l'insertion pétiolaire, c'est-à-dire de chaque côté des yeux ou jeunes bourgeons, dans la majorité des plantes dicotylédonnés, ou autour des nœuds quand ces plantes sont noueuses ou articulées, comme cela se remarque dans la vigne, les œillets, certaines ombelliférés à feuilles engaînantes, et pour les monocotylédonnés, dans la canne à sucre, le bambou et quelquefois à l'aisselle même des feuilles. Toutes les fois que ces dispositions naturelles sont assez prononcées et que l'axe qui les affecte se trouve, par une cause quelconque, placé dans les conditions que réclame la physiologie des racines, ces dernières se développent rapidement ainsi qu'on le voit pour les fraisiers, les quentefeuilles, les saxifrages, la plupart des graminées et des plantes rampantes dont les rameaux se marcottent d'eux-mêmes. Mais quand ces aptitudes sont moins marquées, ce qui est le plus fréquent, il devient nécessaire de les accroître en déterminant la stase de la sève élaborée sur des points choisis et qui, de préférence, doivent être ceux que les plantes abandonnées à elles-mêmes nous indiquent, et dont quelques exemples viennent d'être cités. Mais l'art de prédisposer les organes aériens des plantes à émettre des racines, repose sur la connaissance préalable de la marche de la sève qui a pour double objet de déterminer, à la fois, l'élongation ascensionnelle des bourgeons, le développement inverse des racines et l'accroissement en diamètre. Il est bon, toutefois, de faire remarquer que la végétation des premiers est due à un mélange de sève élaborée ou descendante

avec la lymphe ou sève ascendante, tandis que celle des secondes
dépend, ou paraît dépendre, au moins dans le principe, exclusivement de la sève descendante : car il est digne de remarque que
si ces dernières prenaient naissance avec la participation de la
lymphe, elles devraient se développer concurremment avec les
bourgeons, dans les tubercules de la pomme de terre, des topinambours, du sanifrago granulata, de l'adoxa moschatellina, du
bryophyllum, etc., d'ailleurs, l'exhalation étant confiée aux axes
ascendants ainsi qu'aux appendices qui les constituent, on conçoit
la part active qu'ils doivent exercer dans le mélange des deux
sèves à l'époque de leurs premiers développements. Cette distinction faite, on peut ajouter, cependant, qu'elle a peu d'importance
dans la pratique et qu'il suffit de se rappeler que la sève descendante ou élaborée circule dans les dicotylédonnées, dans les couches
du liber et dans les très-jeunes zônes de l'aubier, dans la partie
externe des filets ligneux des plantes monocotylédonnées et qu'un
obstacle apporté à son cours détermine au-dessus du point où cet
obstacle existe, son accumulation, et par suite, la formation
d'un bourrelet qui, placé dans les conditions de la graine ger-
mante, donnera naissance aux jeunes racines.

Les espèces apportent des différences très-grandes dans la
facilité avec laquelle les plantes émettent des racines adventives, et
l'on sera, en conséquence, dans l'obligation, quoique le principe
demeure invariable, de l'appliquer avec des modifications que
nécessitent les ressources plus ou moins avantageuses que
chacune d'elles présente pour cet objet. En général, les arbres
à bois tendres, riches en aubier et en liber, tels que les saules,
les peupliers, les trembles, les rhamnées, les pavias, les maron-
niers, les frênes, les figuiers qui peuvent conserver leur vitalité
pendant une longue période de jours sans flétrir, s'enracinent par
boutures, sans autres précautions que celles que réclament les
graines pour germer et celles qu'exige l'action exhalante et
nuisible des feuilles, que l'on évitera, en opérant après leur
chute pour les espèces à feuilles caduques, et en enlevant une

portion des yeux, seulement, pour les boutures à feuilles persis-
tantes. L'ablation des feuilles de l'année précédente devenant
chez ces plantes inutile, ces organes n'exhalant d'une manière
notable que dans leur état adulte. La raison physiologique
qui commande cette mutilation découle de ce principe :
que la feuille qui exhale, en attirant la sève à son profit, la
détourne au préjudice des racines, qui, dès lors, ne trouvent
plus les matériaux de leur élongation. On concevra, par là, qu'un
redoublement de soins devient nécessaire si l'on veut enraciner
des pousses herbacées ou des feuilles douées de propriétés
exhalantes prononcées, comme celles des dahlias, par exemple,
et que pour s'opposer à celle-là, il est indispensable de les tenir
dans une atmosphère saturée d'humidité telle que celle qu'emprisonne une cloche placée sur le sol humide et peu éclairé.
Enfin, quand la prédisposition à former des racines est moins
prononcée et qu'en conséquence le bouturage n'offre plus de
chances de succès, l'art d'accroître cette prédisposition, consistera, comme nous l'avons dit, dans l'interception du cours de la
sève descendante par l'incision annulaire ou partielle de l'écorce,
la ligature, la torsion, etc., qui déterminent toujours au rebord
supérieur des points sur lesquels on agit, la formation d'un
bourrelet dû à l'accumulation de la sève et duquel émergeront
les jeunes racines, alors que l'axe qui le porte tenant encore à
la plante-mère sera placé dans le milieu qui convient au développement de ces organes. Et comme dans ce cas le rameau se
nourrit, à la fois, par l'axe qui le continue à la plante-mère et
par ses nouvelles racines, on comprend aisément qu'il faut
attendre pour l'en détacher complètement, que ces mêmes racines
soient assez développées ou nombreuses pour qu'elles puissent
suffire à sa nutrition, alors qu'il devra vivre indépendant.

En terminant ce court exposé de la physiologie des racines et
des données pratiques qui en découlent ou qu'elle confirme, je
ferai remarquer une loi dont il est important de se pénétrer
dans la pratique, parce qu'elle fera tenter des essais nouveaux

sur la reproduction des plantes, à l'aide d'organes souvent né-
gligés comme moyen de propagation. Cette loi consiste dans
l'uniformité de plan des organes axile et appendiculaire, uniformité organique qui permet de conjecturer qu'à l'aide de conditions judicieusement choisies on pourrait obtenir des produits
nouveaux par le bouturage des feuilles, d'une manière plus
générale qu'on ne l'a fait jusqu'ici.

PREMIÈRE CONFÉRENCE

SUR LA

MÉCANIQUE AGRICOLE

Par M. DEMESMAY.

Mon intention était d'abord de ne vous entretenir que de la charrue qui est pour le cultivateur l'instrument par excellence, notre savant secrétaire m'ayant fait observer que je ne pourrais parler de la charrue sans vous dire un mot des moteurs qui la mettent en marche, je me trouve obligé, pour ne pas mettre la charrue avant les bœufs, d'aborder d'abord le chapitre des moteurs et de toucher en passant aux principes de la mécanique. Vous m'excuserez, j'espère, de l'aridité du sujet que je traite en faveur de son importance.

Le moteur le plus employé dans les travaux de culture, c'est l'homme lui-même, il met en mouvement la bêche, la houe, il traine la ratissoire, le rouleau, et s'il ne traine pas la charrue, c'est que sa force y est insuffisante.

Dans toutes ces opérations, le travail qu'il produit a toujours pour mesure l'effort qu'il développe, multiplié par la vitesse de sa marche. Qu'il s'agisse pour lui, par exemple, de trainer un bateau à l'aide d'une corde passée sur l'épaule, si la corde est tendue comme par un poids de 16 kil., s'il parcourt $0^m,75$ par seconde, le travail produit sera représenté par 16 kilog. multipliant $0^m,75$ ou par 12 kilogrammètres, ce qui veut dire que ce travail est l'équivalent de 12 kilogrammes élevés à 1 mètre.

Si la tension de la corde était de 12 kilogrammes et que la vitesse de l'homme fut de 1 mètre par seconde, le travail produit serait encore de 12 kilogrammètres, ce qui montre que l'homme peut remplacer un plus grand effort par une plus grande vitesse et réciproquement.

3

Il ne faut pas croire pourtant qu'il puisse le faire dans des imites indéfinies.

On a remarqué qu'il peut marcher pendant 8 heures sur 24 avec une vitesse de 1 mètre 50 par seconde, toute sa force est alors dépensée à porter son corps, et il ne peut plus développer aucun autre effort avec continuité. C'est donc en vain qu'on l'attellerait à un bateau qui devrait marcher avec une vitesse de 1 mètre 50, il ne saurait le maintenir à cette vitesse pendant longtemps, quelque faible que fut la tension à produire. On remarque aussi qu'il est un effort qu'il ne peut dépasser, lors même qu'il n'est animé d'aucune vitesse, cet effort forme au plus les trois quarts du poids de son corps et même ne dépasse pas moitié pour pouvoir être continué pendant un temps appréciable. Si donc un homme pèse 64 kilogrammes, il pourra supporter un poids 32 kilogrammes sans lui imprimer aucune vitesse, et dans ce cas comme dans le précédent, il ne produira aucun travail utile.

Ce que nous disons là d'un homme attelé à un bateau, nous pourrions également le dire d'un homme employé à mouvoir une manivelle, à produire un travail quelconque, il y a toujours un effort, comme une vitesse formant limite, qu'on n'atteint jamais sans réduire le travail à zéro. En effet, le travail utile, comme nous l'avons vu, est le produit de deux facteurs, l'effort et la vitesse. Si par l'excès donné à l'un, l'autre est nul forcément, le produit devient également nul, cela est incontestable. Le calcul (1) comme l'expérience conduisent à cette conclusion

---

(1) On exprime le travail produit par un homme, par un cheval ou par un bœuf au moyen de la form u

$$P' V' = \frac{P V}{2} \cdot \frac{V'}{V} \left(1 - \frac{V'}{V}\right) \text{ où}$$

P' = effort qu'indique le dynamomètre.

V' = chemin parcouru par seconde.

P = poids de l'homme, du cheval ou du bœuf.

V = vitesse sans charge pour une marche de longue haleine.

que, pour tirer le plus grand parti possible de la force d'un homme, il faut que l'effort qu'il déploie soit égal au quart du poids de son corps et que sa vitesse soit moitié de celle qu'il prend, quand il n'a que son corps à mouvoir. Ce sont là les limites dont il n'est pas sage de s'écarter beaucoup.

Le travail maximum qu'on puisse attendre d'un homme ordinaire pendant une seconde a donc pour équivalent $\frac{64}{4}$ kil. multipliant $\frac{1\,\text{m.}\,50}{2}$ et celui qu'il produit pendant huit heures, qui est le temps le plus long pendant lequel il puisse développer un grand effort, est représenté par $\frac{64}{4} \times \frac{1\,\text{m.}\,50}{50} \times 3{,}600 \times 8$ ou 345,600 kilogrammètres, c'est-à-dire que par un travail effectif de huit heures, il pourrait élever à 1 mètre de hauteur un poids de 345,600 kil., si toute la force qu'il développe était utilisée, ce qui est loin d'avoir lieu. L'effort déployé peut être mesuré à

$P'\,V'$ est au maximum, quand

$$P' = \frac{P}{4} \quad \text{et} \quad V' = \frac{V}{2} \quad \text{et l'on a alors} \quad P'\,V' = \frac{P\,V}{8}$$

Le poids moyen d'un homme étant de 64 kil., sa vitesse sans charge de $1^{\text{m}}{,}5$, l'on a $P'\,V' = \dfrac{64 \times 1{,}5}{8} = 12$ km.

Le poids des chevaux flamands étant de 600 k., leur vitesse sans charge de $1^{\text{m}}{,}6$, l'on a $P'\,V' = \dfrac{600 \times 1{,}6}{8} = 120$ km.

Le poids d'un bœuf étant de 600 kil., sa vitesse sans charge de $1^{\text{m}}{,}2$, l'on a $P'\,V' = \dfrac{600 \times 1{,}2}{8} = 90$ km

Ces trois expressions qui correspondent aux charges et aux vitesses les plus favorables, montrent que l'homme ne peut produire que la dixième partie du travail d'un cheval et les $\frac{2}{15}$ du travail d'un bœuf

La formule générale donne le moyen d'apprécier le travail pour toutes les vitesses et prouve qu'il y a grand désavantage à s'écarter beaucoup de celle qui produit le plus grand travail. Elle indique d'ailleurs qu'il n'y a aucun travail produit, quand cette vitesse atteint celle que l'homme ou les animaux prennent, quand ils n'ont aucune charge ou bien quand ils développent un effort tel qu'ils ne soient plus susceptibles d'aucune vitesse.

l'aide du dynamomètre, instrument dont les indications sont fort précieuses et que vous connaissez tous, car ce n'est point autre chose qu'un *peson*, je puis vous en montrer un qui m'a servi pour beaucoup d'expériences et que nos confrères de Valenciennes se sont empressés de me faire parvenir, quand ils ont su qu'il pouvait être utile à notre Comice.

Vous voyez déjà que cet instrument, dû au génie inventif d'un jeune serrurier de Semur, devenu plus tard un habile mécanicien, peut servir pour déterminer les plus grands efforts, ceux d'un cheval comme ceux d'un homme et qu'il déterminerait au besoin l'effort développé par dix chevaux attelés ensemble.

Vous voyez également comment il faut l'employer. S'agit-il de déterminer l'effort produit par un homme au repos, on le fixe à la hauteur d'un mètre environ et l'on y adapte une corde que l'homme tire avec continuité et sans secousses. L'aiguille s'avance en raison de la tension du ressort et pousse devant elle une autre aiguille qui reste à place, quand le ressort cesse d'agir. Les degrés du cadran où elle s'arrête indiquent de combien a été la tension.

S'il s'agissait de déterminer cette tension pour un homme traînant un bateau, on appliquerait le dynamomètre à la corde qui sert d'intermédiaire entre l'homme et le bateau, la tension de la corde, celle du dynamomètre et l'effort de l'homme sont trois quantités égales que l'aiguille du dynamomètre permettrait d'apprécier.

Vous avez tous observé la position d'un homme qui tire un bateau, vous avez remarqué l'inclinaison que prend son corps, inclinaison d'autant plus forte que l'effort qu'il développe est plus considérable. Sans vouloir vous démontrer le principe de la composition des forces, je ne puis m'empêcher d'appeler votre attention sur la position de cet homme qui tomberait immanquablement par terre, si la corde venait à se rompre.

Il y a donc ici deux forces en jeu qui se font équilibre, l'une, le poids du corps placé hors d'aplomb, l'autre la tension de la corde. La résultante de ces deux forces est oblique comme le corps qu'elle comprime d'autant plus contre terre que l'obliquité est plus grande et elle arrive au sol entre les deux pieds de l'homme qui tomberait inévitablement s'il n'en était pas ainsi.

Ce qui se passe ici pour un homme a lieu également pour un cheval ou un bœuf qui tirent un fardeau, leurs jambes sont placées d'autant plus obliquement que le fardeau est plus lourd et la pression qu'ils exercent contre le sol, de même que la fatigue qu'ils éprouvent varient dans le même sens.

La forme du dynamomètre doit varier en raison de l'usage qu'on en veut faire. Pour déterminer le travail d'un homme qui tourne une manivelle, on ne peut employer celui que vous avez sous les yeux, cela se conçoit de reste, mais on y supplée par une manivelle dont le bras de levier est formé d'un ressort, laissant après l'action des traces de la flexion qu'il a éprouvée. Il n'est donc pas difficile, dans ce cas d'apprécier le travail produit, puisqu'il est encore égal à l'effort multiplié par le chemin parcouru qui tous deux sont connus. Il n'est point aussi facile de ramener à la même unité le travail d'un homme qui bêche ou qui manie la houe. Ici, le mieux est d'apprécier le résultat final, de déterminer la surface bêchée et la profondeur à laquelle l'outil a pénétré et aussi de tenir compte, comme on peut, de la dureté du sol. En général, dans un sol bien ameubli, un bon ouvrier peut, en une journée, bêcher à une profondeur de 20^c à 30^c une superficie de 2 à 3 ares. Avec la houe, il n'ameublit la même surface qu'à la condition de pénétrer à moindre profondeur. Quand il creuse des fossés, il déblaye environ 15 mètres cubes de terre, à moins que le terrain ne soit pierreux et n'exige l'emploi de la pioche.

Le travail des bêtes de trait varie moins que celui de l'homme, c'est en général par traction qu'elles agissent, et le dynamomètre que vous avez sous les yeux peut toujours mesurer l'effort qu'elles développent.

Ici, nos chevaux de trait pèsent de 6 à 700 kil., et l'effort qu'ils produisent sans bouger, peut atteindre moitié de ce poids. Le chemin qu'ils parcourent, n'ayant aucune charge, s'élève, pour un exercice de longue haleine, jusqu'à 1 mètre 60 par seconde ou l'équivalent de leur taille prise au garrot ; mais ils ne produisent dans les deux cas aucun travail utile ; il en est à cet égard du cheval comme de l'homme. Il ne faut donc point l'atteler seul, où une force de traction de 300 kil. est nécessaire, il ne faut pas non plus exiger de lui une vitesse de 1 mètre 60, si on l'attèle à une charrue, car, si fort qu'il soit, il n'y produirait point un travail qui puisse durer pendant sa journée habituelle qui est de huit heures. Qu'on l'écarte du ratelier et qu'on lui adapte un palonnier portant une corde passée sur une poulie et terminée par un poids de 300 kil., il soulèvera le poids et ne mourra pas de faim, mais il n'y a pas là de travail utile, de travail producteur. Pour en obtenir, et le plus grand possible, il faut que l'effort qu'on lui demande ne s'écarte guère du quart de son poids et que sa vitesse se rapproche de moitié de celle qu'il aurait ne traînant aucune charge. Dans ce cas, le travail obtenu pendant une seconde a pour mesure $\frac{600\ \text{k.}}{4} \times \frac{1\ \text{m. }60}{2} =$ 120 km., ce qui est précisément décuple de ce qu'on obtient d'un homme (2).

On doit en conclure que, partout où il n'y a que de la force à produire, où l'intelligence est de luxe, il faut recourir à l'emploi du cheval qui vaut dix hommes sans coûter autant.

Il ne faut pas d'ailleurs croire que le poids et la taille soient les seuls éléments d'où dépende le travail à obtenir. Les calculs précédents conduisent à des résultats exacts, quand il s'agit de chevaux bien conformés, j'en ai trouvé qui, pesant à deux 1,350 kil. produisaient à la charrue un effort de 300 à 350 kil. avec une vitesse de 0 mètre 90, c'était, au minimum, l'équivalent de 278 kilogrammètres, chiffre auquel le calcul aurait conduit ; mais j'ai expérimenté sur de vieux chevaux de poids et de taille égale, qui ralentissaient leur marche à 0 mètre 60 par seconde, quand on leur demandait un effort continu de 300 kilog. Chacun de ces derniers produisait d'ailleurs plus de travail que ce qu'on est convenu d'appeler un *cheval de vapeur* et qui a pour mesure 75 km. ou 75 kilog. élevés à 1 mètre, les autres, qui sont dans toute leur vigueur et dont le grand poids n'est pas dû à un état excessif d'embonpoint représentaient à eux deux quatre *chevaux de vapeur*, chose commune ici, mais phénoménale ailleurs, parce qu'ailleurs les chevaux pèsent 400 kil., sont de moindre taille et ne reçoivent point une nourriture aussi substantielle.

Quand on emploie des bœufs, les résultats ne sont plus les

150 à 190 kil. Rouleau de 2 mètres de longeur et 0 mètre 60 de diamètre.

100 à 150 kil. Semoir à betterave, conduit par 1 cheval.

De ce tableau, on peut conclure combien il importe de n'employer que des charrues à versoir bien poli, où la terre ne soit point adhérente. A profondeur égale et dans le même champ, il peut y avoir 85 kil. de différence pour la force de traction, rien que par l'état du versoir, c'est presque la différence d'un cheval.

Ce tableau montre aussi qu'il y a des travaux qu'on ne peut faire faire que par les chevaux les plus forts, d'autres auxquels les jeunes chevaux ou les chevaux usés suffisent. Il est bon d'y avoir égard pour tirer de ses attelages le meilleur parti possible.

mêmes. L'effort produit par un bœuf n'est pas moindre que celui d'un cheval de même poids, mais il n'est pas susceptible d'une aussi vive allure. Pour ma part, j'ai trouvé que sa vitesse sans charge ne pouvait dépasser 1 mètre 20, et que sa vitesse de travail ne devait guère s'écarter de 0 mètre 60. Il résulterait de là qu'un bœuf produirait les trois quarts du travail utile qu'on obtient d'un cheval de même poids, s'il travaillait aussi longtemps. Mais comme ses repas sont plus longs, et qu'il a besoin de repos pour ruminer, j'estime qu'il faut deux bœufs pour équivaloir à un cheval, et, bien qu'ils se contentent d'une nourriture de moindre valeur, il se pourrait qu'il n'y eut point économie à en adopter l'emploi. Cela expliquerait pourquoi les pays avancés en agriculture y ont renoncé pour adopter exclusivement le cheval.

La vache rentre dans la catégorie des bœufs, seulement, comme elle est d'un poids moindre, il ne faut pas en attendre un aussi grand développement de forces. Néanmoins, vous avez rendu service au pays quand vous en avez recommandé l'emploi aux *ménagers* qui devraient cultiver à la bêche les champs que leurs vaches n'auraient pas labourés ; pour eux, le travail des vaches ne durant que quelques mois, ne diminue pas sensiblement la production du lait et est obtenu économiquement , tandis qu'il serait onéreux pour le cultivateur qui devrait le prolonger pendant toute l'année.

Je ne vous ai rien dit du mode d'attelage employé pour les bêtes de trait parce que déjà vous avez recours au meilleur mode et faites emploi du collier, fort supérieur à la bricole encore usitée pour les chevaux dans beaucoup de contrées, fort supérieur aussi au joug auquel on soumet les bœufs dans presque toute la France. On peut estimer que le collier fait produire au cheval et au bœuf un quart plus de force qu'ils n'en produiraient avec la bricole ou le joug.

Je ne vous ai rien dit non plus de la manière d'adapter les traits aux fardeaux à traîner, je dois cependant appeler votre attention sur l'artifice auquel on peut recourir, quand il s'agit d'atteler ensemble et de front deux chevaux ou deux bœufs de force inégale.

Les deux palonniers s'adaptent toujours à l'extrémité d'une volée d'attelage, mais le point d'attache de cette volée ne doit être placé au milieu, que lorsque les deux chevaux sont d'égale force. Si la force du cheval de droite est à celle du cheval de gauche dans le rapport de 3 à 2, il faut que le point d'attache de la volée soit plus rapproché du cheval le plus fort et que les deux écartements soient dans le rapport de 2 à 3 ou inverse des forces. C'est là ce que vous comprenez tous par intuition, puisque quand vous attelez trois chevaux de front vous employez une volée d'attelage dont le point d'attache est à 1 mètre de distance du point où un seul cheval est attelé et à 0 mètre 50 seulement du point où les deux autres chevaux viennent aboutir. Vous voyez que vous pouvez étendre ce principe à d'autres cas, et je vous engage à le faire toutes les fois que vous avez des bêtes de trait d'inégale force ou dont l'une soit accidentellement affaiblie.

Il est un autre moteur souvent plus économique que le cheval ou le bœuf et qui commence à pénétrer dans la ferme, c'est la machine à vapeur. Sans doute, on ne l'emploiera pas de longtemps pour la culture des champs, mais il est à croire qu'on ne tardera point à l'introduire dans toutes les grandes exploitations pour le battage du grain et tout ce qui réclame un moteur établi à poste fixe et d'un emploi journalier. Une machine à vapeur bien faite coûte moins que les moteurs animés, chevaux ou bœufs dont elle peut remplacer l'emploi, et elle consomme $\frac{1}{3}$ d'hectolitre de houille pour procurer la force d'un cheval pendant l'espace de huit heures. Quel cheval, si faible qu'il soit, pourrait-on nourrir à aussi bon marché ? (3).

(3) On obtient aujourd'hui une machine à vapeur de la force de 4 chevaux et la chaudière qui doit l'alimenter, pour 4,000 francs.

En admettant que l'établissement de cette machine, son fourneau, sa cha-

Il est vrai qu'une machine à vapeur exige un chauffeur intelligent, qui sache la bien entretenir, mais chaque jour on simplifie sa construction et, depuis le développement de la sucrerie, les campagnes ne manquent point d'hommes comprenant parfaitement sa marche. Partout où la houille est à bon marché, partout où la main-d'œuvre est d'un prix élevé, il faudra forcément qu'on imite les fermiers écossais qui ne se passeraient pas plus d'une machine à vapeur que d'une charrue. Il faudra seulement y mettre de la prudence comme chaque fois qu'il s'agit d'introduire une pratique nouvelle. A l'heure qu'il est, le premier pas est déjà franchi et l'on peut affirmer que dix ans ne se passeront pas sans que nous ne soyons au niveau de nos voisins d'outre-Manche, nous y viendrons surtout, si l'emploi des engrais liquides prend du développement et si l'on en vient à adopter le système Kennedy, qui exige une pompe puissante que la vapeur seule peut faire mouvoir. D'ailleurs, beaucoup de tra-

minée, ses tuyaux coûtent 2,000 francs, c'est une somme de 6,000 francs qu'elle force à débourser ; mais elle remplace trois de nos chevaux attelés, c'est-à-dire 6 chevaux à l'écurie, pour un travail effectif de douze heures par jour.

Quand le travail est continu, qu'il a lieu la nuit comme le jour, elle tient lieu de douze chevaux. La dépense de combustible est pour les meilleures machines de 3 kil. de houille par heure pour la force d'un *cheval-vapeur*; mais pour la plupart, elle atteint 5 kil.

Pour un travail continu, et avec la meilleure machine de quatre chevaux, parfaitement conduite, la dépense de combustible en 24 heures serait de 3 × 24 × 4 = 288 kil. ou environ 4 hect. de houille remplaçant la nourriture de douze chevaux qu'on ne peut estimer à moins de 30 francs, il y a donc dans ce cas économie évidente à employer une machine à vapeur. Quand il y a interruption dans le travail, que la machine qu'on emploie n'est pas d'une parfaite construction et qu'elle n'est pas conduite par le plus habile chauffeur elle peut consommer 4 hect. de houille en 12 heures, tout en ne tenant lieu que de six chevaux.

Ici, l'économie est moindre, mais elle est encore bien réelle, car 4 hect. de houille ne coûtent que dans peu de localités l'équivalent de l'entretien de six chevaux dont le prix s'élève à 15 fr. au minimum.

vaux se feraient dans la ferme s'il y existait un moteur convenable qui, aujourd'hui, doivent être faites dans des usines spéciales. La pulvérisation des tourteaux, la mouture des grains destinés aux hommes et aux animaux, sont de ce nombre, et bien d'autres pourraient être cités.

Je m'arrête, Messieurs, j'ai passé en revue les moteurs auxquels vous pouvez recourir ; prochainement, j'examinerai avec vous les instruments les plus employés dans la ferme et m'attacherai surtout à la charrue qui est l'instrument par excellence, celui dont le cultivateur doit savoir apprécier toutes les parties.

MÉCANIQUE AGRICOLE.

DE LA CHARRUE

Par M. DEMESMAY.

Après vous avoir entretenus des moteurs employés en agriculture, il me reste à vous parler des instruments que ces moteurs font marcher et surtout de la charrue, le plus usité de tous.

Qu'on remonte aux époques les plus reculées dont l'histoire fasse mention, et déjà l'on rencontre la charrue entre les mains du cultivateur, non point telle que vous la connaissez, mais telle pourtant qu'on la rencontre encore aujourd'hui dans quelques provinces de France et d'Italie et dans notre colonie algérienne. L'araire de Caton, c'est la charrue arabe ou provençale et à quelques lieues de nous, en Picardie, l'outil dont on fait usage pour remuer le sol n'en diffère guère que par un avant train qui est un progrès bien contestable. Partout où la terre ne réclame pas des cultures profondes, tous les outils sont bons, mais dès qu'on a cherché à accroître les récoltes, il a fallu fouiller le sol à plus grande profondeur et faire usage d'une charrue mieux confectionnée, car la charrue antique ne tracerait point un sillon de 20 centimètres de profondeur, lors même qu'on y attèlerait six chevaux.

On peut dire que l'amélioration de la charrue date de l'époque où la culture des racines a pris de l'extension et il ne serait pas difficile de prouver qu'elle s'est d'abord produite en Belgique, ce pays avait en effet reconnu depuis longtemps l'importance des profonds labours, il cultivait le trèfle et les plantes sarclées avant qu'on ne les connut dans le reste de l'Europe et comme on ne peut en obtenir de bonnes récoltes que sur un sol bien ameubli, il avait été amené à modifier l'araire antique, et à produire le *brabant* qu'on peut considérer comme la solution empyrique d'un difficile problème.

Depuis le commencement du siècle, les hommes de sciences ont reconnu que l'amélioration de l'agriculture se lie à l'amélioration de la charrue et plus d'un s'est mis à l'œuvre pour amener la mécanique agricole au même niveau que la mécanique industrielle.

Nous pourrions ici citer des noms illustres, nous pourrions montrer Jefferson, le célèbre successeur de Washington, se délassant des fatigues du gouvernement par ses méditations sur l'art de construire une bonne charrue, puis nous arriverions à Mathieu de Dombasle dont le nom est surtout devenu populaire, grâce à la charrue perfectionnée qu'il a su répandre partout malgré la répugnance des cultivateurs à adopter un instrument nouveau.

Aujourd'hui qu'on s'est bien rendu compte de toutes les conditions à remplir, rien de plus facile que d'obtenir de bons outils, mais vous ne tarderez pas à reconnaître combien il a fallu de tentatives multipliées pour arriver au *brabant*, en partant de l'instrument primitf; pour cela, examinons ce que l'on produit par le labour.

Un de nos collègues vous l'a dit dans une précédente séance, les racines des plantes ont besoin d'air pour se développer. Une terre compacte ou l'air ne pénètre pas ne peut leur fournir de nourriture, quelle que soit d'ailleurs sa fécondité. Le labour est l'opération fondamentale pour ameublir le sol. L'homme le produit avec la bêche, quand il est réduit à ses seules forces, et il arrive alors à un résultat parfait. Ce qui est à regretter, c'est qu'il ne puisse bêcher qu'une faible surface et que son travail journalier ameublisse à peine une superficie de 3 ares.

Cette considération l'a amené à chercher un aide, et il a eu recours aux bêtes de trait. Mais alors il a fallu employer un instrument qu'elles pussent mouvoir et la charrue est venu remplacer la bêche. Le travail à produire, c'était encore d'ameublir le sol; mais, on doit l'avouer, la meilleure charrue n'y arrive pas aussi bien que l'instrument qu'elle remplace et le seul avantage qu'elle offre, c'est de produire plus de travail, de le produire économiquement.

L'homme qui bêche, détache une motte de terre, puis la retourne de manière à amener à l'air la surface qui y était soustraite, et aussi à enterrer la surface souvent couverte d'une végétation qu'il importe de détruire. La charrue n'atteint qu'imparfaitement le même but, mais, conduite par des chevaux vigoureux, elle laboure une superficie de 15 à 20 fois plus grande que le plus vigoureux ouvrier ne peut faire evec la bêche. Il y a dans la charrue trois éléments principaux dont il faut étudier l'action.

1.º Le contre qui pratique une section verticale dans le sol;

2.º Le soc qui le tranche horizontalement et détache du vieux gueret une bande de terre conservant même largeur et même profondeur, sans d'ailleurs modifier sa position.

Enfin, le versoir qui soulève la bande de terre, la soumet à un mouvement de rotation, ramène presque au-dessus du sol la surface taillée par le soc, et cache la couche herbeuse d'abord visible. Le coutre doit être placé un peu en avant du soc, sa face gauche doit se confondre avec le plan vertical coupant le sol suivant la droite que suit la charrue. Il doit être d'autant plus plongeant que la terre qu'il coupe a plus de tenacité ou contient plus de pierres. La charrue ne peut pas bien fonctionner, si le coutre vacille et ne conserve pas une direction invariable, il faut donc qu'il soit assemblé bien fixément avec l'age de la charrue et qu'il ait une épaisseur proportionnée au travail qu'il produit.

Le soc a sa face inférieure parallèle à la surface du sol, sa face supérieure est un peu oblique, son *tranchant* pourrait être perpendiculaire à la route que suit la charrue, mais la force de traction qu'il réclamerait s'en accroîterait un peu. Dans nos terres argileuses, on se trouve bien de lui donner un angle de 45°, dans les sols pierreux, on le rend encore plus aigu afin d'écarter les pierres qui entravent sa marche. D'ailleurs, comme coutre et soc doivent couper la terre et qu'ils dépensent d'autant moins de force qu'ils sont plus tranchants, il convient de les aciérer et de les tremper même chaque fois qu'on les aiguise. La terre, une fois coupée par le coutre et le soc, arrive au versoir et, pour plus grande économie de forces, il importe qu'elle y arrive sans solution de continuité, ainsi que cela a lieu pour notre *brabant* où la surface du versoir fait suite à celle du soc et présente à peu près la forme d'une *hélice*.

Pourvu que cette surface soit bien polie, la terre y glisse sans adhérence et se retourne, de manière à ne plus laisser voir sa face supérieure.

Quand le versoir n'a pas la forme d'une hélice, la terre peut bien être déplacée, mais n'est point retournée comme par la bêche. C'est ce que vous avez pu observer en voyant fonctionner notre charrue à tourne oreille, c'est une observation que vous aurez souvent occasion de faire en France où l'on emploie pour versoir un bout de planche qui ne fait qu'écarter la terre sans la retourner, et qui, néanmoins, dépense plus de force que notre versoir si parfait dans sa forme, quand il sort des mains d'un habile ouvrier.

Le versoir est souvent fait en tôle, il serait mieux qu'il fut en fonte parce qu'ayant une fois obtenu une forme convenable, on serait sûr de toujours l'obtenir. Avec la tôle, il est rare que deux versoirs retournent la terre de la même manière. Les Américains tiennent tant à avoir tous instruments identiques qu'ils emploient la fonte non-seulement pour le versoir, mais pour le sep et même pour le soc. Un soc en fonte ne fonctionnerait pas longtemps dans un sol pierreux. Dans un soc argileux ou sablonneux, il peut faire un bon usage à condition qu'on l'aiguise à la meule ou à la lime et qu'on le remplace par un nouveau, quand il s'use trop. Vous avez sous les yeux une charrue américaine qui a été importée par notre correspondant, M. Hamoir, de Valenciennes, et quand même vous ne l'adopteriez pas, vous reconnaîtrez qu'elle offre d'incontestables avantages.

Le soc et le versoir sont réunis entre eux au moyen du sep, connu ici sous le nom de *kief*. C'est aussi au sep que sont attachés les mancherons; le coutre est adapté à l'age ou *arelle* où viennent aussi aboutir les traits des chevaux.

Une charrue bien faite marcherait régulièrement sans que le laboureur y mît la main, si la terre où elle fonctionne était d'une homogénéité parfaite. Comme cette homogénéité n'a jamais lieu, on se réserve plus d'une ressource pour régulariser sa marche.

Les mancherons sont des leviers au moyen desquels le laboureur empêche les déviations dans tous les sens, le *patin*, qu'on trouve dans notre *brabant* a aussi pour but d'empêcher le soc de pénétrer trop profondément dans le sol. Mais ce qu'il faut d'abord obtenir, c'est que la marche soit régulière, sans que le patin ne comprime trop le sol, sans que le laboureur n'agisse constamment sur les mancherons et pour cela il faut que les traits des chevaux soient attachés à un point convenable.

Ce point s'obtient au moyen du régulateur adapté en avant de l'âge, il doit s'abaisser pour un labour superficiel, se relever pour un labour profond, s'écarter à droite, quand on veut élargir le sillon, et à gauche, quand il s'agit de donner au sillon moins de largeur, cela indique que le régulateur doit être mobile, si l'on veut que la charrue puisse labourer régulièrement dans toute espèce de terre et à toute profondeur.

En général, nos charrues n'ont pas un régulateur convenable, et comme il est placé trop haut, la correction est faite par le patin qui appuye fortement sur le sol, non sans accroître la fatigue des chevaux. On y pare cependant en partie en diminuant la longueur des traits.

Ce qu'il y a de mieux, d'ailleurs, pour réduire la dépense de forces au minimum, et produire un labour régulier, c'est que la charrue *patine* et *talonne* tour-à-tour, c'est-à-dire s'appuie légèrement sur le patin puis sur l'arrière du sep qu'on désigne sous le nom de *talon*. Le laboureur, alors ne fait en quelque sorte que suivre sa charrue, sans avoir à déployer aucun effort, et il n'y a de force dépensée que pour un travail utile. Pareil résultat n'est jamais obtenu par les charrues à avant-train qui sont toujours difficiles à conduire pour le laboureur et qui réclament trois chevaux quand deux suffiraient à un brabant bien confectionné, labourant à même profondeur.

Quoiqu'on fasse, on ne parvient pas à faire mouvoir l'avant-train sans dépense de force, on ne parvient pas à rendre nulle la pression que l'âge exerce sur cet avant-train, et si on obtient un labour régulier, on le paie par beaucoup d'avoine. Aussi, abandonne-t-on la charrue à avant-train partout où l'on sait faire usage du régulateur du brabant ou des araires qui y ressemblent, on ne les conserve que quand il s'agit de labours légers faits à plat comme ceux qu'on pratique ici pour le blé où la dépense de force est peu à considérer. Ces labours à *plat* peuvent d'ailleurs être faits avec le brabant à deux socs placés dos à dos que vous avez déjà vu figurer dans plusieurs de nos concours. Mais, il faut l'avouer, c'est un instrument qui ne fonctionne bien qu'autant qu'il soit confectionné et entretenu parfaitement. Qu'un des socs s'use plus que l'autre, que les deux coutres ne soient pas symétriques et le labour en deviendra irrégulier. C'est donc un instrument qui, quoique bon, ne peut être utilement employé que là où on le répare à temps.

On peut aussi employer au même usage un instrument très-ingénieux, que M. Jacquet-Robillard, d'Arras, a fait figurer à notre exposition dernière et qui nous vient, je crois, d'Amérique, je l'ai vu et ne l'ai pas employé, mais il m'a paru convenable pour les labours plats et peu profonds. D'ailleurs, je ne pense pas qu'il faille recourir à beaucoup de charrues et le brabant me semble pouvoir suffire dans presque tous les cas.

Je vous ai dit précédemment combien il importe pour qu'une charrue fonctionne bien, que toutes ses parties soient liées fixément entre elles et ne se déforment pas. Ce qui s'oppose souvent à ce que cette condition soit remplie, c'est que l'on cherche trop à rendre la charrue légère, s'imaginant diminuer ainsi la force qu'elle dépensera. C'est là une erreur qu'il importe de combattre. Ce n'est point le poids de la charrue qui fatigue les chevaux, mais bien l'action exercée sur le sol par le coutre, le soc et le versoir. Le frottement produit par une charrue du poids de 70 kil. ne forme que la huitième partie de toute la force dépensée pour tracer un sillon de 20 centimètres de profondeur. C'est donc bien à tort qu'on cherche à économiser quelques kilogrammes sur un poids qui est nécessaire à la solidité de l'instrument. M. Mathieu de Dombasle a, le premier, reconnu cette vérité et l'a rendue évidente à l'aide du dynamomètre. C'est aussi à l'aide du même instrument qu'on a reconnu la part afférente à chaque partie agissante, coutre, soc, ou versoir. Ainsi, dans un sol argileux, comme nous en avons beaucoup ici, on trouve souvent qu'en traçant un sillon de 20 centimètres de profondeur, 25 centimètres de largeur, avec une charrue du poids de 70 kil. dont coutre et soc sont bien tranchants et le versoir bien poli, il est indiqué au dynamomètre un effort de 320 kil., dont

      100 kil. pour le coutre.

      140 kil. pour le soc.

      40 kil. pour le versoir.

      40 kil. pour le frottement de la charrue contre le sol.

      320 kil.

Dans un sol léger, comme la plaine de Lesquin en offre beaucoup, l'aiguille du dynamomètre s'arrêterait à 200 kil. sur lesquels

50 kil. pour le coutre.

80 kil. pour le soc.

30 kil. pour le versoir.

40 kil. pour le frottement de la charrue contre le sol.

200 kil.

Si dans un sol argileux on négligeait d'aiguiser le coutre et le soc, que le versoir ne fut pas poli, l'effort pourrait s'accroître de moitié et arriver à

150 kil. pour le coutre.

210 kil. pour le soc.

60 kil. pour le versoir.

40 kil. pour le frottement de la charrue.

460 kil.

Déjà il surpasserait ce qu'on peut attendre de deux chevaux quelque forts qu'ils fussent et quelle que fut la lenteur de leur allure, et si en outre la forme du versoir était défectueuse, que la terre ne s'en dégageât pas, que par un mauvais emploi du régulateur, la charrue appuyât démésurément sur le patin et qu'elle réclamât de grands efforts de la part du laboureur, il se pourrait que quatre vigoureux chevaux fussent insuffisants pour la manœuvrer.

Ce que je dis là se réalise sur plus d'un point de la France où la terre n'est point plus tenace que la nôtre et j'ai bien des fois vu en Lorraine, dans cette contrée où Mathieu de Dombasle employait une excellente charrue que toute la France, hormis la Lorraine, adoptait, j'ai vu, dis-je, huit chevaux attelés à une charrue à avant-train, marchant bien plus lentement et plus péniblement que nos attelages de deux chevaux labourant avec une bonne charrue à une aussi grande profondeur.

Je n'ai pas besoin de vous dire, Messieurs, combien il y a de différence dans la position des deux cultivateurs dont l'un sait faire avec deux chevaux ce que l'autre ne fait qu'avec huit. Vous voyez l'un dans l'aisance, l'autre dans la misère, quelque faible que soit le loyer qu'il paie de la terre qu'il cultive, et vous reconnaissez sans peine l'importance qu'il y a à faire usage des meilleurs instruments et surtout à les connaître assez dans tous leurs détails pour en tirer tout le parti possible ; car, il ne faut pas l'oublier, un bon instrument n'est rien, entre les mains de celui qui ne sait pas s'en servir.

Il est une pièce de notre brabant dont je ne vous ai pas encore parlé et qui a, à mon sens, beaucoup d'importance, c'est la *rasette* ou *tranche-gazon* qui permet d'enterrer toute l'herbe qui couvre le sol et qui donne un champ bien propre sans beaucoup de cultures. Cette pièce n'est connue que dans notre contrée et mériterait de se répandre partout. Pour ma part, je l'emploie toutes les fois que je prépare un champ pour y semer du blé ou de la betterave, et si elle ne détruit pas les plantes qui se reproduisent par racines, elle en ralentit la végétation et donne toujours au champ l'aspect le plus propre.

Cet outil qui ne fait qu'écrouter le sol, qui ne pénètre qu'à 2 ou 3 centimètres, consomme fort peu de forces. C'est à peine s'il ajoute 20 kil. à l'indication du dynamomètre.

Quand, d'ailleurs, il s'agit d'une culture profonde, ce n'est point au tranche-gazon qu'il faut recourir, il est mieux dans ce cas d'employer deux charrues dont l'une prend une tranche de 10 à 12 centimètres d'épaisseur, qu'elle place dans le fond du sillon et l'autre une tranche de 18 à 20 centimètres qu'elle ramène à la surface du sol. L'on cultive ainsi l'ancien guéret à 30 centimètres de profondeur, ce qu'une seule charrue ne saurait produire, quelque fort que fut l'attelage, car le versoir le mieux fait ne peut retourner convenablement une bande de terre de 25 centimètres de largeur, quand son épaisseur dépasse 20 centimètres. Ces labours profonds ne sont pas, je le sais, fort en usage, mais il serait désirable qu'ils fussent pratiqués dans nos terres argileuses, chaque fois qu'elles doivent ultérieurement recevoir des racines, pommes de terre ou betteraves. Ils ouvrent le sol aux influences atmosphériques pendant l'hiver et le rendent

propre à la culture dès le premier printemps et après l'enlèvement des racines, leur action se fait encore sentir pour le blé
qui succède, voire même pour le trèfle qui le suivra. Il n'y a que
dans les terres peu fumées qu'ils peuvent être nuisibles, mais
heureusement, ce n'est pas le cas chez la plupart de nos cultivateurs.

Je n'ai pas besoin de vous dire, Messieurs, que les deux charrues n'ont pas besoin d'être également fortes, qu'une charrue
légère suffit pour le premier passage et que le second en réclame une très-solide et à versoir fort élevé. La force de
traction de la première ne dépasse jamais 150 kil., tandis qu'elle
atteint 300 à 400 kil. pour la seconde. Aussi, les deux attelages
sont-ils employés tour-à-tour au labour de fond, c'est le seul
moyen de le rendre possible pour deux chevaux, sans produire
une excessive fatigue.

Dans ces conditions, deux attelages labourent convenablement
25 à 30 ares dans une journée de travail, tandis qu'un seul attelage employé à des labours légers, cultive le double de cette
surface. C'est peut-être ce qui décide souvent à négliger les profonds labours, mais tous ceux qui en auront essayé et en auront
observé les résultats, n'y renonceront pas facilement, quelque
coûteux qu'ils soient. Les ayant pratiqués depuis longtemps, je
puis certifier qu'ils ont accru mes récoltes, et que bien qu'ils
aient amené à la surface la glaise froide du fond, ils n'ont pas
nui à la fertilité du sol. J'ajoute, d'ailleurs, que cette glaise se
modifie beaucoup sous l'influence des amendements calcaires et
qu'on l'améliore promptement par d'abondants choulages.

Je pourrais vous entretenir encore, Messieurs, des tentatives
qui ont été faites pour remplacer la charrue par un instrument
plus puissant mu par la vapeur, mais voulant me borner aux faits
pratiques, je m'arrête, sauf à aborder ultérieurement les autres
instruments du domaine agricole, si j'ai pu me faire écouter par
vous sans vous causer trop d'ennui.

VOCABULAIRE ET SYNONYMIE POUR LA DÉSIGNATION DE TOUTES
LES PARTIES DE LA CHARRUE.

A Soc. — Plate.
B Coutre.
C Sep. — Kief.
D Versoir. — Rayette.
E Gorge. — Épée.
F Age — Arelle.
G Mancheron — Queue.
H Tranche-gazon. — Rasette.
I Patin.
K Talon. — Arrière du sep.
L Régulateur. — Point d'attelage.

POIDS DE LA CHARRUE AMÉRICAINE MODIFIÉE PAR M. DEMESMAY.

28 kil. fonte (soc, sep et versoir).
37 kil. fer (rasette comprise).
—
65 kil.

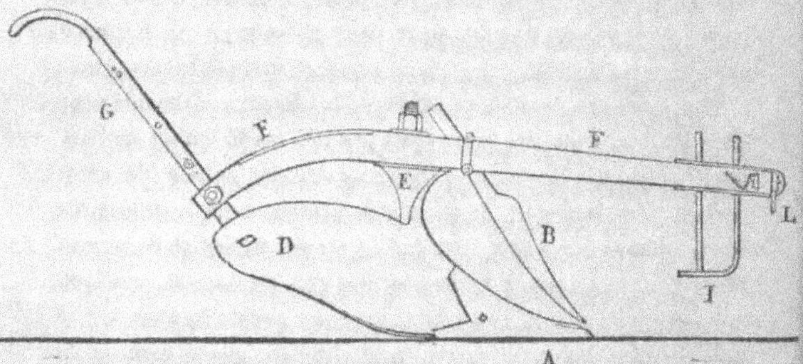

Charrue américaine importée par M. Hamoir.

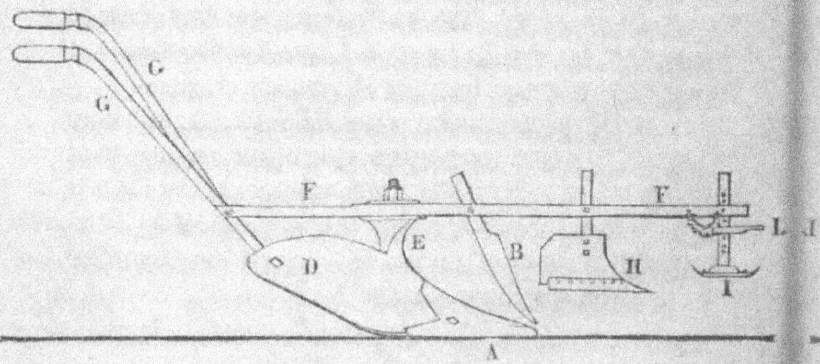

Charrue américaine modifiée par M. Demesmay.

APERÇU

de la

PRODUCTION ACTUELLE

DE L'AGRICULTURE

DU DÉPARTEMENT DU NORD.

PAR M. LOISET.

Le département du Nord, si célèbre dans les fastes de l'agriculture française, considéré par les agronomes comme la terre classique des assolements perfectionnés et des meilleures pratiques agricoles, est situé, comme l'indique son nom, à l'extrémité septentrionale de la France, entre les 49me et 51me degrés de latitude et se trouve traversé par le méridien de Paris : il a une configuration irrégulière, est formée de deux renflements inégaux, réunis à la hauteur d'Armentières, par une étroite bande à peine de quelques kilomètres de largeur : c'est un pays de plaine, avec des ondulations plus saillantes et plus nombreuses au sud-est que dans le point opposé : prise dans son ensemble, sa pente générale regarde le nord-ouest, où la presque totalité de ses eaux sont déversées dans la mer du Nord, qui le circonscrit de ce côté, tandis qu'il a pour limites, au nord-est, la Belgique, dans le sud-ouest, les départements du Pas-de-Calais et de la Somme, et au sud, celui de l'Aisne.

Sous le rapport de sa constitution géognostique, ce département peut se subdiviser en deux contrées distinctes, ayant pour séparation naturelle la rivière de la Scarpe. L'une au sud-est est accidentée, embrasse le Hainaut et le Cambraisis et à pour caractère des schistes, des calcaires, des terrains antraxifères ou diévoniens.

L'autre partie, formée de l'ancienne Flandre, ou pays plat ne présente que par exception, des buttes isolées tertiaires, telles que celles de Cassel et de Mons-en-Pévèle.

A part le terrain antraxifère, qui existe dans la plus grande étendue de l'arrondissement d'Avesnes, la surface du département du Nord, n'est recouverte que par des terrains crétacés tertiaires et alluviens, qui varient beaucoup dans leurs association et dans la prédominance de leurs éléments respectifs, mais qui ne laissent pas, en général, d'offrir d'immenses ressources à l'agriculteur ; c'est ce qu'avait parfaitement apprécié le célèbre Arthur Yong, lors de son voyage agronomique dans cette partie de la France. « Les plaines fertiles profondes et unies de la Flandre, disait-il, « sont aussi belles qu'il est possible d'en trouver pour récom- « penser l'industrie des hommes ; il y a deux ou trois et même « quatre pieds de profondeur d'un terrain humide et pourri : ce « sont en outre, des terres friables et douces, tirant plus sur « l'argile que sur le sable, avec un fond calcaire, riche surtout « en détritus, qui ajoutent à leur fertilité naturelle : la pourri- « ture de la terre en Flandre et sa position qui est toute plate, « sont les principales causes qui la distinguent des meilleurs « sols du reste de cette partie de l'Europe. »

Le voisinage de la mer et le peu d'élévation du sol au-dessus de son niveau, contribuent à diminuer les rigueurs du climat que sa haute latitude devait attribuer au département. L'Océan semblable à un vaste réservoir, absorbe en effet et tempère les chaleurs de l'été, pour restituer en hiver une masse de calorique qui y diminue l'intensité des froids propres à cette saison.

Suivant les observations de mon savant collègue et ami M. Meurein les conditions météorologiques moyennes sont les suivantes :

Température atmosphérique.

Thermomètre centigrade. . . . 10°.47
Températures extrêmes. . + 32° — 18°

Hiver.	Printemps.	Été.	Automne.
3°.52	9°.42	18°.29	11°.05

Pression atmosphérique.

Hauteur moyenne annuelle de la colonne barométrique ramenée à la température de 0° et le 0° de l'échelle étant à 22 mètres 58 centimètres au-dessus du niveau de la mer.

$$759^{mm},56$$

Hauteurs extrêmes. . . $784^{mm} — 733^{mm}$

Hiver.	Printemps.	Été.	Automne.
$758^{mm},87$	$762^{mm},57$	$750^{mm},34$	$758^{mm},88$

Météores aqueux.

Quantité moyenne annuelle de pluie

$$784^{mm},45$$

Pluie maxima en vingt-quatre heures, $40^{mm},80$
Nombre de jours de pluie, 198.

Hiver.	Printemps.	Été.	Automne.
$480^{mm},16$	$133^{mm},40$	$203^{mm},71$	$243^{mm},42$

La plus grande quantité de pluie est fournie par les nuages venant de l'OSO, puis du SO, ensuite du N. Le courant ENE est celui qui en donne le moins.

Évaporation.

La quantité moyenne annuelle d'eau qui s'évapore au niveau du sol et à ciel découvert est de

$$804^{mm},48$$

Hiver.	Printemps.	Été.	Automne.
$48^{mm},76$	$252^{mm},53$	$361^{mm},32$	$139^{mm},04$

État hygrométrique de l'atmosphère.

Tension moyenne annuelle de la vapeur d'eau atmosphérique

$$7^{mm},36$$

Humidité relative moyenne annuelle de l'air

$$75,5 \%$$

	Hiver.	Printemps.	Été.	Automne.
Tension de la vapeur.	$4^{mm},$	$6^{mm},22$	$10^{mm},57$	$7^{mm},82$
Humidité relative °/₀. .	83	68,0	70,0	79,0

Vents.

Les vents qui règnent le plus fréquemment sont ceux d'OSO, O, SO, SSO, NO, N. Le moins fréquent est le vent d'E.

Les vents d'OSO, SO, ONO, O sont les plus violents ; les plus faibles sont ceux du SE et de l'ESE.

Dans l'hiver les vents les plus fréquents sont ceux de l'O et du S

Dans le printemps —   —   — N — O

Dans l'été   —   —   — O — N

Dans l'automne   —   —   — O — S

Nébulosité du ciel.

En supposant la calotte sphérique céleste divisée en 10 parties égales, la nébulosité annuelle moyenne est de $6/10^{mes}$.

En moyenne le nombre des jours de pluie, neige, grêle, etc., par année est ainsi réparti :

Pluie.	Neige.	Grêle.	Rosée.	Brouillard.	Givre.	Orage.	Éclairs sans tonnerre.	Gelée.
198	31	15	88	101	2	16	7	43

L'air est fort ozonisé par les vents du Nord et surtout l'hiver. Son état électrique est très-variable.

De nombreuses voies de communication sillonnent dans tous les sens le territoire du riche et populeux département du Nord et y favorisent sur les points les plus divers l'activité agricole.

Les plus économiques et conséquemment les plus utiles, les cours d'eau navigables, y sont très-multipliés et composent un réseau formé de six rivières et vingt-et-un canaux, donnant un développement total de 554,971 mètres, ce qui équivaut à 0,98 centimètres par hectare ; proportion quadruple de celle offerte par l'ensemble des voies navigables françaises qui ne donnent que 0,24 centimètres.

Il est proportionnellement moins largement doté, sous le rapport des grandes routes ; il en possède 35, dont 15 impériales d'un total de 585,710 mètres, et 20 départementales développant 414,499 mètres. Toutes réunies, elles offrent un parcours de 1,000,209 mètres ; c'est-à-dire seulement 1 mètre 67 centimètres par hectare ; la moyenne pour toute la France étant de 1 mètre 45.

Les chemins de grande vicinalité présentent une étendue presque aussi considérable ; 75 sont classés jusqu'ici et donnent une longueur totale de 932,598 mètres, ou 1 mètre 64 par hectare.

Parmi les chemins vicinaux ordinaires, ceux pavés ou empierrés donnent en tout 1,728,300 mètres, ou par hectare, 3 mètres 02.

Enfin les chemins vicinaux en sol naturel, embrassent 4,536,737 mètres. Ce qui équivaut à 8 met. 51 par hectare.

A ces divers ordres de moyens destinés à favoriser la circulation, il convient d'ajouter le plus merveilleux de tous, celui qui doit plus puissamment agir sur la prospérité agricole des pays qu'il relie, ce sont les *rails-ways*. Environ 345,000 mètres de chemins de fer existent, ou sont en cours d'exécution dans le département; les uns appartiennent au système général de ce genre de communications rapides, les autres constituent des lignes spéciales, ayant pour but principal de desservir certaines grandes industries. Ils fournissent dans leur ensemble une nouvelle quote-part de 0,6 centimètres par hectare.

En récapitulant toutes les voies de communication qui s'entrecroisent si diversement sur le territoire départemental, on trouve que leurs parcours donnent une somme égale à 16 mètres 37 cent. par hectare, dont moitié appartiennent à des degrés plus ou moins avancés de civilisation, et l'autre moitié à l'art dans l'enfance des sociétés. Ajoutons toutefois, que de nombreux projets s'élaborent, qui doivent relier entr'elles les lignes ferrées, pavées, empierrées et navigables, de manière à leur donner une proportion sans cesse croissante sur les simples chemins de terre.

Les tableaux suivants indiquent la longueur des divers ordres de voies de communications terrestres départie à chaque arron-

— 60 —

dissement et la proportion de mètres dévolue à chaque hectare.

Longueur par arrondissement.

	Routes impériales.	Routes départementales.	Chemin de grande vicinalité.	Chemins vicinaux pavés ou empierrés.	Chemin en sol naturel.	Chemin de fer appréximatif.	TOTAL.	Ensemble des voies ferrées, pavées ou empierrées.
	m	m	m	m	m	m	m	m
Lille........	110.370	91.770	186.375	312.587	940.701	55.000	1.696.966	756.265
Dunkerque...	59.780	13.633	157.544	153.982	472.250	35.000	892.186	419.936
Hazebrouck..	66.570	57.780	105.379	152.646	804.872	45.000	1.292.253	437.384
Avesnes.....	110.420	103.946	193.873	607.075	562.996	50.000	1.628.307	1.065.311
Douai.......	53.300	43.863	81.870	148.501	496.363	45.000	868.929	372.866
Valenciennes	82.210	54.805	84.988	145.744	634.759	70.009	1.069.510	434.754
Cambrai.....	102.770	54.793	122.569	107.765	864.706	45.000	1.291.693	429.897
Totaux..	585.710	414.490	932.598	1.628.300	4.846.737	345.000	8.742.843	3.906.107

Proportion par hectare dans chaque arrondissement.

Lille........	1.27	1.65	2.13	3.58	10.76	0.63	19.41	8.53
Dunkerque..	0.83	0.19	2.18	2.43	6.63	0.48	13.83	3.82
Hazebrouck..	0.96	0.83	1.52	2.19	12.47	0.65	18.64	6.14
Avesnes.....	0.78	0.74	1.39	4.35	4.03	0.36	11.65	7.62
Douai.......	1.13	0.93	1.73	3.14	11.51	0.95	18.39	7.80
Valenciennes.	1.30	0.82	1.35	2.31	10.08	1.11	16.98	6.90
Cambrai....	7.15	0.58	1.37	1.21	9.69	0.50	14.50	4.81
	1.03	0.73	1.64	2.87	8.51	0.61	15.39	6.88

La superficie du département du Nord est inférieure à celle de la moyenne des autres départements, elle n'est que de

568,087 hectares.

Tandis que son plus proche voisin, le Pas-de-Calais, possède 655,645 hectares. Mais en retour la population qui la recouvre est la plus considérable, après celle exceptionnelle de la Seine ; elle est en effet de

1,156,497 habitants.

D'où il résulte que la quote-part de chacun d'eux n'est que de 49 ares, alors que pour la totalité de l'empire elle est de 147, c'est-à-dire le triple.

Ou sous une autre forme, il y a par lieue carrée, dans le Nord, 814 individus et seulement 271 pour le reste de l'ensemble du territoire français.

Le Nord est le seul des départements qui, par sa richesse, ait nécessité la création de sept arrondissements. Ils se partagent la superficie et la population de la manière suivante:

Arrondissements.	Superficie. Hect. Ares	Lieues carrées.	Population.
Lille,	87,438,78	44	368,066
Dunkerque,	72,160,32	36	105,441
Hazebrouck,	69,320,67	35	104,515
Avesnes,	139,723,24	71	145,040
Douai,	47,205,35	24	101,109
Cambrai,	89,260,33	45	173,845
Valenciennes,	62,978,29	32	158,481
	560,087,00	287	1,156,497

Ce phénomène social d'une si grande accumulation de population sur une surface donnée, est rendu, encore plus frappant, quand on le considère isolément dans chacun des arrondissements. Le partage du sol entre tous les habitants donne à chacun

Arrondissements.	Quote-part du territoire. Hect. Ares.	Population par lieue carrée.
Lille,	0,24	8,365
Dunkerque,	0,68	2,929
Hazebrouck,	0,66	2,986
Avesnes,	0,96	2,043
Douai,	0,47	4,213
Cambrai,	0,51	3,863
Valenciennes,	0,40	4,952
Moyennes :	49	4,029

On reconnait par les chiffres précédents, que l'arrondissement de Lille, composé de l'ancienne châtellenie de ce nom, possède une densité de population telle, qu'elle n'accorde par individu que 24 ares. Il faudrait remonter aux beaux siècles de la Grèce pour rencontrer quelque chose d'analogue. Au temps de Périclès, la république d'Athènes présentait l'exemple d'une concentration de peuple si extrême, qu'elle ne supposait par individus que 33 ares, c'est cependant encore un tiers de plus de la proportion départie dans la circonscription du chef-lieu du Nord.

DOMAINE AGRICOLE.

On désigne ainsi la partie du territoire mise en produit par l'agriculture ; par opposition, le domaine social est formé de l'espace occupé par les fleuves, rivières, canaux, routes, villes, villages, etc.

Dans le département du Nord, le domaine agricole est composée de la manière suivante :

	Hectares.	Lieues carrées.
1.º Les cultures et les prairies artificielles	348,245	871
2.º Les jardins, vergers, pépinières, etc.	16,444	41
3.º Les prairies naturelles, les pâturages pâtis, jachères.	118,456	296
4.º Les bois et le sol forestier . . .	59,085	147
Ensemble du domaine agricole. . .	542,230	1,355
Domaine social.	25,857	65
Total du territoire départemental,	568,087	1,420

Comparativement avec le reste de la France. Voici dans quelles proportions ces diverses sections du domaine agricole se partagent l'espace :

	France entière.	Département du Nord.
Cultures,	41 %	64 %
Jardins,	1 %	3 %
Pâturages,	40 %	22 %
Bois,	18 %	11 %
	100 %	100 %

Ainsi, les cultures qui occupent pour la France les $^2/_5$ du domaine agricole, dépassent dans le Nord les $^3/_5$, et les jardins une proportion triple; mais par contre, les pâturages et les bois y sont moitié moindres en étendue.

La répartition, par habitant, de l'étendue de chacune des catégories consacrées à la production agricole, donne les résultats suivants :

	France entière.	Département du Nord.
Cultures,	62 ares.	30 ares.
Jardins,	9 —	1,5 —
Pâturages,	41 —	10 —
Bois,	26 —	5 —
	151	46,5

La part individuelle est donc constamment plus minime, dans le Nord, que dans le restant de l'empire ; pour les cultures, cette disproportion dépasse moitié et pour les pâturages et les bois, les quatre cinquièmes et les cinq sixièmes.

Considéré dans chaque arrondissement isolément, le domaine agricole départemental, se partage ainsi qu'il suit :

	Cultures.	Jardins.	Pâturages.	Bois.	TOTAL.
			Sol forestier.	4,217	4,217
Lille............	63,292	5,211	10,788	3,582	82,903
Dunkerque......	42,224	2,359	22,697	571	67,851
Hazebrouck......	37,764	2,203	20,193	5,588	65,748
Avesnes.........	60,220	2,141	39,229	30,734	132,324
Cambrai.........	66,535	1,623	11,995	4,485	84,638
Douai...........	35,417	1,236	5,511	2,645	44,809
Valenciennes....	42,793	1,641	8,043	7,263	59,740
	348,24	16,444	118,456	59,085	542,230

Des dissemblances considérables séparent les sept arrondissements, quant au rapport des diverses sections du domaine agricole entr'elles, elles ont, suivant les arrondissements, les proportions ci-après :

	Lille.	Dunk.	Hazeb.	Avesnes.	Cambrai.	Douai.	Valenc.
	P. %	P. %	P. %	P. %	P. %	P. %	P. %
Cultures..........	76,25	62	57	46	79	79	72
Jardins..........	6,25	3,5	3	2	2	3	3
Pâturages.........	13,25	33,5	31	29	14	12	13
Bois.............	4,25	1	9	23	5	6	12
	100	100	100	100	100	100	100

Nous aurons occasion, en résumant l'ensemble de la production végétale, de relever la quantité, la valeur, la destination et la consommation des fruits obtenus du domaine agricole, par les persévérants efforts des cultivateurs. Quant à présent, nous passerons immédiatement à ce qui concerne les cultures.

CULTURES.

La fertilité naturelle de son territoire, l'intelligence et l'habilité pratique de sa population agricole, rangent le département du Nord, en première ligne, dans l'art d'extraire du sol, de riches, d'abondants et de nombreux produits. Indépendamment du froment, qui forme la base de la production agricole française, ce département, pays classique de la bonne agriculture, cultive encore le colza, l'œillette, la caméline, le lin, le chanvre, le houblon, la betterave, le pois, le haricot, la fève, la pomme de terre, la chicorée, le sarrasin, la nombreuse série des plantes et racines fourragères. Son climat refuse, il est vrai, d'admettre comme culture en grand la vigne, l'olivier et autres végétaux précieux, qui font la prospérité d'autres contrées plus favorisées par l'élévation de la température, mais le génie industrieux de ses agriculteurs a su racheter ce désavantage par l'heureuse application d'inventions utiles. Depuis les temps les plus reculés, nos campagnes possèdent des usines agricoles où l'orge est transformé en une liqueur fermentée qui remplace le vin ; d'innombrables moulins consacrés à l'extraction de l'huile des graines oléifères, suppléent au produit si recherché des olives. Des genièvreries préparent avec le seigle et l'orge des eaux-de-vie de grain, que la consommation populaire locale, substitue à celle des brûleries de vin du Midi. Dans des périodes plus rapprochées, des établissements ruraux destinés au traitement de la betterave sont entrés fructueusement en lutte, avec les Indes et les Antilles, pour la fabrication du sucre et avec la partie méridionale de la France pour la confection des alcools. Enfin, des féculeries, des amidonneries, des fabriques de chicorée et une foule d'autres branches d'industries agricoles tirent partie des produits du sol, en accroissent la valeur, et livrent des masses de déchets à l'alimentation du bétail et à la fertilisation des terres.

C'est donc surtout en prenant un cachet industriel, en mettant en pratique les découvertes de la science, que l'agriculture de l'ancienne Flandre s'est élevée et se maintient à la tête des pays les mieux cultivés. Cette vérité ressortira bien mieux encore des nombreux détails dans lesquels nous allons successivement entrer dans les chapitres suivants.

Le sol arable du département, ou en d'autres termes la terre consacrée aux cultures proprement dites, se compose de :

348,245 hectares,

Dont plus de moitié est destinée aux céréales et le restant se partage par portions approximativement à peu près égales entre les autres cultures alimentaires, les cultures industrielles et les cultures fourragères.

Cette vaste étendue, qui dépasse 870 lieues carrées, se répartit entre les sept arrondissements, de la manière ci-après :

Lille . . .	63,292	hectares ou	32 lieues carrées.
Dunkerque .	42,224		21
Hazebrouck .	37,764		19
Avesnes . .	60,220		30
Cambrai . .	66,535		34
Douai. . .	35,417		18
Valenciennes.	42,793		22
	348,245		179

SECTION I.

CÉRÉALES.

Les plantes céréales qui entrent dans les assolements du département du Nord, sont :

Le froment.

Le méteil.

L'épeautre

Le seigle.

L'orge.

Et l'avoine.

Nous allons successivement déterminer l'étendue de terre qu'on leur assigne ; la quantité de grains nécessaire à leur ensemencement ; le nombre de fois qu'ils multiplient, leur produit total et enfin la quantité qui passe dans la consommation.

Étendue de la Culture. — La partie du domaine agricole consacrée dans le département à la production des céréales est soumise chaque année à de faibles fluctuations. La statistique publiée par le Ministre de l'agriculture et du commerce, et les relevés officiels recueillis par l'administration préfectorale, lui attribuent en

1840—197,091 hectares

1845—203,596

1846—202,025

1847—204,943

1848—201,995

1849—203,311

1850—201,684

1851—202,644

1852—201,397

1853—197,443

1854—203,738

Moyenne :   201,723 hectares.

On voit que cette quantité s'est graduellement élevée de 1840 à 1849, époque où elle a atteint 203,000 hectares, puis qu'elle a fléchi jusqu'en 1853, où elle s'est retrouvée être de 197,000 hectares, pour se relever de nouveau en 1854, en sorte que la moyenne de l'étendue occupée par les céréales a été pendant les quatorze dernières années assez exactement égale à 200,000 hectares. C'est cinquante-sept pour 0/0 approximativement des terres arables du département, ou environ la soixante-cinquième partie de l'espace que leur consacre en totalité l'agriculture française, cet espace étant de

13,900,000 hect.

La faible oscillation d'environ 3 p. °/₀, éprouvée dans l'espace dévolue aux céréales durant une période décennale dans le département du Nord, est évidemment liée à l'abondance ou à la pénurie des récoltes précédentes et par conséquent à l'élévation, ou à l'abaissement du prix des grains.

Il s'en faut, que sous le rapport du nombre d'hectares ensemencés en céréales, le Nord occupe le premier rang de nos 86 départements, la Côte-d'Or y consacre 292,000 et la Marne 347,000, c'est-à-dire de moitié à trois quarts en plus.

Mais nous verrons bientôt que ce n'est point là une véritable indication de supériorité culturale, et que bien loin qu'il en soit ainsi, on peut poser en principe, que dans la haute et savante pratique agricole, le progrès consiste à obtenir plus, tout en restreignant la surface du sol employée aux céréales; ainsi, tandis que la France moins avancée, leur concède très-exactement les deux tiers(1) de ses terres arables, le Nord ne leur donne que les quatre septièmes (2).

Si l'on compare ses arrondissements entr'eux, on constate que leur fécondité est inversellement proportionnelle avec l'étendue occupée par les céréales, ainsi que le démontre le tableau suivant :

ARRONDISSEMENTS.	Étendue des céréales.	Étendue totale des cultures.	Proportion des céréales avec les autres cultures.	
LILLE. . . .	33,407	63,292	53	p. °/₀
DUNKERQUE. .	23,793	42,224	56	°/₀
HAZEBROUCK .	21,520	37,764	57 ¹/₂	°/₀

(1) 13,900,202 sur 20,891,288 hectares.
(2) 200,000 sur 348,245 hectares.

Avesnes. . .	34,701	60,220	57 ½ %
Cambrai. . .	42,744	66,535	64 %
Douai . . .	20,579	35,417	58 %
Valenciennes .	24,979	42,792	58 %
Moyenne :	201,723	348,245	58 p. %

Aucun autre pays ne donne l'exemple d'une quote-part plus minime par habitant, relativement à l'étendue de céréales, que l'ancienne Flandre française ; elle n'offre en faveur de l'ensemble de ses sept arrondissements que 18 ares, et dans le seul arrondissement de Lille, que moins de 9 ares par individu ; tandis que cette quantité est pour la Prusse, de 50 ; le Danemarck 44 ; la France 41 ; la Suède 32 ; l'Angleterre, l'Ecosse et l'Irlande 31 ; la Belgique 30.

Ce phénomène d'économie sociale ; tient à la double cause de l'extrême densité de la population et de l'étonnante perfection de l'agriculture dans le département du Nord.

La répartition totale de l'étendue en céréales se fait très-inégalement entr'elles, comme l'indique le tableau ci-dessous, résumé moyen des dix dernières années dans le département.

Froment,	120,102
Méteil,	11,017
Epeautre,	3,391
Seigle,	10,992
Orge,	13,780
Avoine,	42,432
	201,714

Ensemencement. — L'approvisionnement des sociétés humaines est invariablement lié au prélèvement d'une portion de la récolte présente, au profit de la récolte future ; c'est une dépense considérable qui, pour notre populeux département, équivaudrait au plus bas prix de production.

	Nombre total d'hectolitres.	Valeur totale.	Valeur par hectolitre.	Valeur de l'ensemencement par hectare
			fr.	fr.
Froment.	237,581	3,346,989	15,30	27,38
Méteil.	19,931	344,731	15,30	27,38
Epeautre.	11,733	78,494	5,65	20,00
Seigle.	20,111	173,960	8,65	15,83
Orge.	26,962	241,310	8,95	17,99
Avoine.	102,598	600,198	5,85	15,50
	418,916	4,785,682 fr.		

Pour la même destination, il ne faut pas moins, pour la France, que 28,363,296 hectolitres, d'une valeur de 328,511,000 fr., c'est-à-dire 69 fois plus en mesure et en valeur.

D'après les relevés officiels donnés par l'administration préfectorale, la quantité de semence est restée sensiblement la même depuis un demi-siècle dans le département ; cependant un fait considérable s'est produit dans ces derniers temps, il consiste dans l'adoption généralement très-répandue de la méthode de semis en ligne, qui dépose régulièrement le grain reproducteur à une profondeur égale et à des distances régulières. L'économie de semence résultant de cette méthode, est d'un tiers à la moitié, mais le principal avantage qu'on en obtient, se rencontre plus spécialement dans la facilité, la perfection et la diminution des frais du sarclage, qui, mieux exécuté, assure une récolte plus abondante. Le grain, d'ailleurs, uniformément répandu sur le sol, mieux abrité, placé à une profondeur constante, se trouve plus efficacement protégé, pour résister aux intempéries et aux déprédations des animaux.

Toutefois, les terres fortes, humides et trop compactes, se prêtent mal aux ensemencements en ligne et malgré d'heureuses modifications apportées aux semoirs par d'ingénieux constructeurs et d'habiles cultivateurs, on ne triomphera complètement des obstacles que ces terrains opposent au nouveau mode de

semailles, que par la grande amélioration à l'ordre du jour,
l'opération du drainage.

Grâce aux excitations incessantes des corps agricoles du département, grâce surtout à l'initiative de cultivateurs d'élite et de propriétaires éclairés, ces deux pratiques, destinées à se compléter mutuellement, constituent des progrès qui seront bientôt définitivement acquis à l'agriculture du Nord et qui devront, en quelques années, se traduire par une surabondance permanente du produit des récoltes.

Considérés exclusivement sous le rapport de la diminution de la quantité de semences, le procédé de semis en ligne pourra donner, quand il sera entièrement adopté, l'économie d'un tiers, ou environ

140,000 hectolitres

des diverses espèces de céréales cultivées dans l'ancienne Flandre française. C'est une valeur, estimée seulement au prix de revient, égale à

1,588,300 fr.

Appliquée sur l'ensemble du territoire français, la même méthode donnerait une réduction de

9,454,000 hectolitres

de céréales, valant sur l'estimation précédente

109,500,000 fr.

L'adoption des meilleures espèces ou variétés indigènes ou exotiques de céréales, a été et est encore, de la part des principaux agriculteurs du Nord, l'objet d'assidues et persévérantes études ; comme aussi le choix et la préparation des semences sont les sujets d'une attention soutenue, que nous aurons de nombreuses occasions de signaler plus loin.

Multiplication de la semence. — Dans une monographie très-remarquable sur l'histoire naturelle et agricole du blé, M. J. Lefebvre, Président du Comice agricole de Lille, recueillait i

y a quelques années les exemples de l'inépuisable fécondité
de la reine des céréales et signalait les immenses ressources
qu'elle offrait à la science agronomique, pour pourvoir au
premier et au principal besoin des peuples. Renfermée dans
les limites nécessairement très-restreintes de a pratique agricole appliquée sur de vastes surfaces, ce grand principe de
physiologie végétale est encore mis en évidence par l'agriculture
de notre Flandre (1) comparée avec l'ensemble de l'agriculture
française, l'une et l'autre se trouvent représentées par les chif
fres suivants :

NOMBRE DE FOIS QUE LA SEMENCE MULTIPLIE.

	Dans le Nord.	Dans la France entière.
Froment.	12,80 pour 1	6,1 pour 1
Méteil.	12,29	6,1
Épeautre.	11,07	
Seigle.	10,86	5,4
Orge	17,97	6,5
Avoine.	17,51	7,0

Les détails dans lesquels nous devrons entrer ultérieurement,
démontreront qu'il existe une grande diversité dans la puissance
productive des graines de semence, non-seulement suivant les
espèces, mais encore selon les lieux et les conditions météorologiques dominantes durant le cours de la végétation.

Production totale des céréales. — Le trait carac-
téristique de la supériorité de l'agriculture flamande, celui
qui a été observé par tous les agronomes avec étonnement
et admiraon, réside dans l'abondance extraordinaire de ses
récoltes en céréales : On en pourra juger par la production
moyenne de 1840 à 1853, relevée ci-après, dans laquelle figure

---

(1) La généralisation de l'emploi du semoir et de la méthode du drainage
devra relever successivement ces rapports, ainsi que nous avons déjà eu
occasion de le faire remarquer.

la proportion de produits que chaque sorte de ces précieuses graminées livre aux besoins de la consommation.

Froment,	2,656,898 hect.	48 %
Méteil,	240,695	4 %
Epeautre,	129,883	2 %
Seigle,	215,929	4 %
Orge,	487,971	9 %
Avoine,	1,775,951	33 %
Ensemble :	5,507,327	100

Si on compare ce dernier chiffre avec celui de la masse totale de la production des graminées panifiables et fourragères obtenue du territoire français, qui est de :

182,316,848 hectolitres,

on reconnaît que celle du département du Nord en est la 33.e partie et se trouve sur la même ligne que le Pas-de-Calais et la Somme, avec lesquels il fournit presqu'autant que huit départements.

Les éléments de la production en céréales, ne sont pas en mêmes proportions relatives dans le Nord et dans l'ensemble du territoire continental de la France, les chiffres suivants indiquent la différence de leurs rapports.

	Nord.	France entière
Froment et épeautre,	50 %	39 %
Méteil et macaux,	4 %	6 %
Seigle,	4 %	15 %
Orge,	9 %	9 %
Avoine,	33 %	27 %
Maïs,	0 %	4 %
	100 %	100 %

Comme on le voit, la différence essentielle entre ces nombres, porte sur l'augmentation du froment au détriment du seigle et constitue le cachet distinctif de l'agriculture du Nord.

Pendant le cours de la végétation des céréales, des éventualités nombreuses et variées réagissent sur l'abondance de leurs produits et rendent dissemblables entr'elles les récoltes qui se succèdent.

Le tableau suivant embrassant une période de onze années, ledémontre parfaitement en ce qui touche le département du Nord.

Années.	Surface occupée.	Production totale en céréales.
1840	197,091 hectares.	5,045,477 hectolitres.
1845	203,596	5,325,451
1846	202,025	4,698,612
1847	204,943	6,337,633
1848	201,993	5,273,458
1849	203,311	5,886,516
1850	204,681	5,779,152
1851	202,644	5,767,812
1852	204,397	5,578,685
1853	197,443	4,853,220
1854	203,738	6,034,583

Moyennes : 201,723 hectares. 5,507,327 hectolitres.

Entre les termes extrêmes des récoltes ci-dessus indiquées, la différence s'élève jusqu'à

1,459,707 hectolitres.

C'est un écart total en-dessus et en-dessous de la moyenne, égal à 26 % : chiffre considérable, quand on songe que le produit annuel des céréales, est surtout destiné à faire face aux plus impérieux besoins de la société, qui restent, comme on sait, permanents et invariables.

On remarquera que l'année la plus désastreuse, parmi celles mentionnées ci-dessus, est 1846, qui s'est signalée par un déficit de 17 % de la moyenne des récoltes décennales précitées : après elle arrive 1853, dont le manquant est de 11 ½ p. %, tandis que l'année relativement la plus abondante, 1854, n'a surpassé cette moyenne que 9 °/₀.

Poids total des céréales. — De tous les documents qui peuvent servir à déterminer ce point d'économie agricole et sociale, les plus précieux consistent dans les pesées officielles opérées chaque année, dans les villes où siégent des marchés de grain importants. De l'examen de ces documents, il résulte que le poids des céréales flotte, dans le département du Nord, entre d'assez larges limites, qui s'étendent, pour les

Blés blanzés, de	74 à 80	kil. l'hectol.
Macaux et méteil,	72 à 78	
Épeautre,	41 à 43 ¹/₂	
Seigle,	69 à 74 ¹/₂	
Orge,	60 à 68	
Avoine,	41 à 47	

Les moyennes obtenues entre ces chiffres extrêmes sont mobiles chaque année, mais leurs variations ne dépassent généralement pas un kil. en-dessus ou en-dessous des moyennes décennales indiquées ci-après :

Blés blanzés,	77	kil. l'hectol.
Blés macaux (méteil),	75	
Epeautre,	42,24	
Seigle,	72	
Orge,	64	
Avoine,	44	

D'après ces données, le produit annuel des cultures qui nous occupent s'élèverait, en moyenne, à l'énorme poids de

3,530,383 quintaux métriques,

qui se décomposerait ainsi qu'il suit :

	Quint. métriques.	Poids de l'hect.
Froment,	2,045,814	77 kil.
Méteil,	180,521	75
Epeautre,	54,863	42

Report.	2,284,195	
Seigle ,	155,469	72
Orge ,	312,301	64
Avoine ,	781,418	44

3,530,383 quintaux métriques.

Pailles. — Indépendamment du grain , produit essentiel des céréales, il en est un autre accessoire, qui joue un rôle important dans l'économie rurale et qui consiste dans la paille.

Jusqu'ici les documents administratifs ne donnent aucun moyen d'en évaluer la quantité totale, et les agronomes ont dû recourir à la voie des déductions pour essayer de la fixer d'une manière approximative ; mais la diversité de leurs appréciations et surtout la grande différence des bases d'estimation adoptées par eux , démontrent assez quelles conditions de variabilité s'attachent à ce genre de production : nous avons obtenu des principaux agricul teurs du pays et notamment de notre honorable ami M. Demesmay, des données expérimentales irréprochables, quant à l'exactitude, et qui nous ont permis d'écarter l'incertitude que les autorités agronomiques auraient pu laisser sur ce sujet : nous verrons plus loin que deux causes, la luxuriante végétation des récoltes et le mode d'opérer la moisson dans le Nord par la *sape* ou *piquet*, contri- buent à augmenter notablement ce genre de ressources fourragères pour les bestiaux, et de fertilisation pour le sol : il est annuelle- ment produit en paille les poids moyens suivants :

	Quint. métriques.
Paille de Froment,	4,314,064
— de Méteil et macaux,	395,731
— d'Epeautre ,	109,582
— de Seigle,	344,205
— d'Orge,	415,875
— d'Avoine,	1,456,332

7,035,789 quint. métriques.

Pour compléter les produits des céréales, il convient d'ajouter à ceux énumérés ci-dessus, les *bâles* ou *courtes pailles*, évaluées à 5 p. % de la paille proprement dite, et les *chaumes* ou *éteules* qui restent sur les champs, et qui, soit qu'ils servent à la pâture des bestiaux ou à la fumure de la terre, sont estimés équivaloir à la dixième partie.

Récapitulation du produit des céréales. — En récapitulant les sommes des produits obtenus du sol par les moissons dont il s'agit, on trouve que le département du Nord donne en

Grains,	3,530,383 quint. métriques.
Pailles,	7,035,789
Bâles,	341,789
Chaumes,	683,578

Total, 11,591,539 quintaux métriques.

Quote-part des céréales par individu. — La masse de céréales obtenues, année courante, du territoire départemental donne, par habitant,

493 litres.

Somme un peu inférieure à celle dévolue, d'après les relevés de 1840, à chaque individu de la nation française, qu'on a trouvé être de

541 litres.

Mais cette différence est plus apparente que réelle, car ces chiffres n'indiquent ni les proportions, ni le poids, ni la puissance nutritive des éléments qui les composent.

En poids, ces quantités sont équivalentes, par individu, à

Nord.	France.
306 kil.	318 kil. par habitant.

D'un autre côté, les produits en paille donnent un nouveau dividende de :

Nord.	France.
595 kilog.	655 kilog.

D'où il résulte qu'en totalité, grain et paille de la récolte des céréales, offrent par habitant :

Nord	France.
901 kilog.	973 kilog. par habitant.

Production des céréales par hectare. — Le témoignage le plus irréfragable de la perfection de l'agriculture
et de la fertilité du sol du Nord, réside assurément dans
la fécondité accusée par les chiffres suivants, résultant de
moyennes décennales comprises entre 1845 et 1855 et qui re-
latent le rendement par hectare comparé avec la France entière :

	Nord.	L'ensemble de la France.
Froment. . . .	22,11 hectolitres.	12,50 hectol.
Méteil	22,04	13
Épeautre . . .	38,34	31,29
Seigle	19,88	10,79
Orge.	35,41	14,15
Avoine	42,04	17,36

Ces chiffres amènent à conclure que le Nord double proportionnellement les récoltes, que la France crée sur son domaine
agricole.

Le rendement des céréales est d'ailleurs une quantité
très-mobile et qui varie beaucoup suivant l'abondance relative
des récoltes qui se succèdent : Voici l'indication des maxima
et des minima de la production par hectare de la dernière
période décennale pour le département du Nord :

		Maxima.		Minima	Différence
Froment,	1847	26,61.	1853	16,52	39 %
Méteil,	1847	27,48.	1853	18,97	31 %
Épeautre,	1854	50,32.	1850	28,00	44 %
Seigle,	1847	23,70.	1846	11,15	53 %
Orge,	1854	38,04.	1845	30,35	20 %
Avoine,	1853	48,80.	1848	34,75	38 %

Tous les arrondissements ne sont pas également partagés sous
le rapport de l'abondance du produit des céréales. Nous aurons
plus loin de nombreuses occasions de constater que l'arrondissement de Lille se maintient constamment au premier rang,
tandis que la circonscription de Dunkerque reste presque tou-

jours la dernière : Entre ces extrêmes, la différence est de 25 à 30 %.

Paille. — En s'en référant à la moyenne des dix dernières récoltes, le produit comparatif en paille, par hectare, et pour l'ensemble des céréales serait de :

Nord.	France.
3,473 kil,	1,648 kil

C'est ainsi qu'on l'a déjà fait remarquer pour le grain, le double en notre faveur, de la récolte commune à la France entière.

D'après des appréciations approximatives, qui n'ont pourtant rien de bien déterminé, l'échelle de variation dans la production annuelle de la paille des céréales pourrait s'étendre au-dessus ou au-dessous du terme mitoyen précité, d'environ 25 %.

Les diverses catégories de céréales sont inégalement productives en paille. Le tableau suivant indique le rendement ordinaire du Nord, par hectare.

	Kilog.
Froment et Méteil,	3,592
Epeautre,	3,223
Seigle,	3,131
Orge,	3,018
Avoine,	2,961

Poids total des grains et pailles par hectare. — La puissance de la vie végétale extrait en moyenne du sol de chaque hectare du département du Nord par l'intermédiaire des céréales, les poids ci-après de produits :

	Froment.	Méteil.	Epeautre.	Seigle.	Orge.	Avoine.
Grains.	1,702 k.	1,651 k.	1,619 k.	1,431 k.	2,266 k.	1,850 k.
Pailles.	3,592	3,592	3,223	3,131	3,018	2,961
Totaux :	5,294	5,243	4,842	4,562	5,284	4,811

Prix des céréales. — Renfermé dans les étroites limites d'une période décennale appliquée à un seul département, notre examen ne comporte point la citation des chiffres storiques qui attestent la grande mobilité du prix des céréales. Toutefois, les nombres que nous avons recueillis confirment les déductions, qui ont été tirées de ces mémorables exemples, par les économistes.

Suivant les relevés officiels des mercuriales des marchés aux grains du département, le prix moyen par an et par hectolitre, ramené au taux des ventes rurales, c'est-à-dire rectifié d'après la différence établie dans la statistique agricole, entre le *prix* dit *des marchés* et le *prix* dit *primitif* ou de *production*, a été pour les années et les diverses catégories de céréales, ainsi qu'il suit :

	Froment.	Méteil.	Épeautre.	Seigle.	Orge.	Avoine.
1840	15,30	12,60	5,65	8,65	8,95	5,85
1845	17,11	15,51	6,33	10,59	9,45	6,45
1846	20,33	18,89	7,52	13,98	10,98	7,98
1847	26,67	24,56	9,87	15,44	12,73	9,73
1848	13,89	12,72	5,14	7,90	9,39	6,39
1849	13,99	13,10	5,18	7,10	8,37	5,37
1850	13,51	12,04	5, »	7,41	8,39	5,39
1851	13,57	11,76	5,02	8,25	8,71	5,71
1852	15,85	14,48	5,87	10,19	8,71	5,71
1853	21,11	19,27	7,81	12, »	9,55	6,55
1854	26,48	24,67	9,80	15,13	11,15	8,15

Afin de mieux préciser le mouvement accompli à travers les oscillations du taux de la valeur des céréales, nous mettons en regard, comme terme de comparaison des moyennes ci-dessus, les prix qui figurent dans la grande statistique agricole, comme appartenant en 1840 au département du Nord :

	Prix moyen de 1840 d'après la statistique.		Prix moyen de 1840 à 1855 dans le Nord.	
Froment,	15 fr. 30 l'hect.		17 fr. 26 l'hect.	
Méteil,	12	60	16	10
Epeautre,	5	65	6	30
Seigle,	8	65	11	93
Orge,	8	95	9	55
Avoine,	5	85	6	63

La première remarque provoquée par le tableau qui précède, fait constater, que dans le court espace de dix ans, les fluctuations du prix des céréales ont été, savoir :

	Froment.	Métoil.	Épeautre.	Seigle.	Orge.	Avoine.
Taux le moins élevé.	13 f. 51 c.	14 f. 76 c.	5 f.	7 f. 10 c.	8 f. 10 c.	5 f. 57 c.
Taux le plus élevé.	26 89	21 67	9 87 c.	15 44	12 73	9 73

D'où résulte pour le froment, le méteil, le seigle, une différence d'environ le double, et pour l'épeautre, l'orge et l'avoine, de plus de moitié

L'influence de cette grande variation dans la valeur de produits servant de régulateur à l'ensemble de toutes les richesses sociales, sera examinée, avec toute l'attention qu'elle mérite, dans l'un des chapitres suivants.

Prix des pailles. — Les pailles éprouvent dans leurs prix des oscillations parallèles avec celles du prix des grains, ainsi que le démontre le relevé suivant, extrait des mercuriales officielles.

	Froment et méteil.	Seigle et épeautre.	Orge et avoine.
1840	3,52	3,24	2,93 le quint. mét.
1845	5,18	4,77	4,32
1846	5,20	4,78	4,35
1847	5,58	5,14	4,65
1848	3,70	3,40	3,08
1849	3,20	2,92	2,67
1850	3,80	3,49	3,17
1851	4,40	4,05	3,67
1852	4,83	4,45	4,02
1853	4,90	4,51	4,08
1854	5,27	4,85	4,39
	4,51	4,14	3,75 le quint. mét.

Ces chiffres correspondent aux prix des marchés et devraient subir une réduction d'un cinquième pour représenter les prix ruraux ou de production.

VALEUR TOTALE DES CÉRÉALES.

Estimée sur la moyenne des données précédentes, la valeur totale des céréales pour la dernière période décennale donne, en ce qui concerne le département, les résultats suivants :

		fr.	c.
Froment,	45,867,508 fr.	à 17,26	par hectolitre.
Méteil,	3,807,350	16,10	
Épeautre,	819,161	6,30	
Seigle,	2,249,301	11,93	
Orge,	4,661,694	9,55	
Avoine,	11,833,858	6,63	

Total :   69,238,872 fr.

Cette somme énorme représente la trentième partie de la valeur assignée à toutes les céréales de la France entière. Cependant, en 1840, le Nord ne figurait dans la statistique que pour une valeur de

55,151,995 fr.

C'est-à-dire seulement pour la trente-septième partie ; mais ce chiffre surpassait pourtant encore celui attribué aux autres départements les plus favorisés dans ce genre de production.

Ces comparaisons se prêtent mal, d'ailleurs, à être exprimées en nombre ; les termes sur lesquels elles reposent ayant une mobilité qui change proportionnellement leurs rapports. On reconnaîtra par le tableau ci-après qui indique, pendant dix années, la valeur extrêmement variable de l'ensemble des récoltes en céréales dans le département.

1840	55,151,995 fr.
1845	75,750,676
1846	91,469,840
1847	68,592,730
1848	54,621,838
1849	58,313,908

1850   59,343,473
1851   67,054,765
1852   82,363,652
1853   82,873,994

Moyenne :   69,238,872 fr.

Le rapprochement de ces nombres, démontre combien sont grandes les variations subies par la valeur de la production des céréales. On voit en effet que les chiffres extrêmes appartenant aux récoltes de

1846. . . . 91,469,810
1848. . . . 54,621,838 fr.

Sont séparés par une différence de plus de 40 %.

Valeur de la paille. — Ce produit accessoire des céréales s'élève à une valeur importante et qui se décompose, d'après les bases indiquées plus haut, de la manière suivante :

		fr. c.
Froment et méteil,	16,994,065	à 3 61 le quint. mét.
Seigle et épeautre,	1,502,035	à 3 31 —
Avoine et orge,	5,654,065	à 3 02 —
	24,150,165	

La statistique mentionne l'évaluation des produits similaires pour la France, comme étant de

764,767,460 fr.

C'est-à-dire comme seulement 34 fois plus considérable.

Les départements qui tirent un plus grand revenu de leurs pailles paraissent être inférieurs au Nord ; ce sont ceux de l'Oise et de Seine-et-Oise qui en obtiennent pour une valeur d'un peu plus de 16 millions ; près d'un tiers moins.

Récapitulation de la valeur du produit des céréales. — Comme on vient de le voir, les produits supplémentaires des céréales augmentent notablement la valeur de leurs récoltes, qui donnent ainsi annuellement, en moyenne, sur le territoire départemental, savoir :

Valeur des grains,   69,238,872 fr.
— des pailles,   24,150,165
Estimation des chaumes et bâles,   2,535,766

Total général :   95,924,803 fr.

C'est la trentième partie de ce que donne l'agriculture française, dont la production du même ordre est reprise pour :

2,893,412,000 fr.

Valeur par hectare. — La richesse, créée annuelleme par les céréales, élève la production par hectare, dans le Nord, à la somme de

Grains.	Paille.	Ensemble.
345 fr.	127 fr.	472 fr.

Tandis que l'agriculture française ne sait en extraire que

Grains.	Paille.	Ensemble.
189 fr.	60 fr.	249 fr.

Valeur par individu. — Mais ce signe de supériorité s'efface, quand on répartit la valeur des céréales proportionnellement à la population, on trouve alors par habitant

	Nord.	France.
Grains,	60 fr.	77 fr.
Paille,	20	24
	80	101

Quantité de céréales disponibles. — L'opération des semailles exige qu'il soit distrait de chaque récolte la quantité de grains suffisante, pour assurer la production de la récolte suivante. C'est, avons-nous déjà constaté, une dépense considérable, qui réduit notablement la quantité susceptible d'être livrée à la consommation, et que pour cette raison on taxe de disponible. Calculée sur les moyennes des dix dernières récoltes, cette quantité a été dans le département, savoir :

Froment,   2,419,098 hectolitres.

Méteil,   220,765

Epeautre,   16,104

Seigle,   197,389

Orge,   460,724

Avoine,   1,673,353

5,087,433

Pour la France entière, la statistique fixe les céréales disponibles à un chiffre environ trente fois plus considérable, ou

154,133,452 hect.

La réduction sur la somme totale des céréales, pour l'ensemencement est très-inégale; on constate qu'elle est

Nord.   France.

8 p. %.   16 p. %.

Un autre signe de supériorité culturale non moins évident, résulte de la comparaison faite du produit par hectares de grains disponibles et qu'on trouve être

Nord.   France.

24 hect.   11 hect.

Enfin, la quote-part revenant par individu sur la quantité de céréales disponible est comparativement :

Nord.   France.

4 hect. 40   4 hect. 60

Valeur des céréales disponibles. — Les quantités indiquées ci-dessus comme libérées de la défalcation pour les semailles, ont atteint dans le département, d'après les prix ruraux de la dernière période décennale, les valeurs ci-après :

fr.

Froment,   41,577,173

Méteil,   3,576,864

Epeautre,   744,110

Seigle,   2,033,494

Orge,   4,397,770

Avoine,   11,111,355

Total :   63,440,766 fr.

La statistique agricole porte comme chiffre correspondant pour l'ensemble de la France

$$1,725,996,080 \text{ fr.}$$

C'est-à-dire une valeur seulement vingt-sept fois plus considérable.

Réparties par habitants, ces sommes équivalent, savoir :

Nord.	France.
55 fr.	50 fr.

L'important sujet de la consommation des céréales ne pourrait être qu'imparfaitement traité ici ; il trouvera naturellement sa place quand nous résumerons l'ensemble des cultures alimentaires ; nous allons donc porter immédiatement nos investigations sur chacune des espèces dont nous n'avons pu jusqu'ici étudier que l'ensemble.

§ I. Froment.

Tout concourt à prouver que cette reine des céréales est aussi ancienne dans nos contrées, que les premières transmigrations qui en vinrent peupler les solitudes primitives. L'histoire et la tradition nous la montrent en effet, dès les périodes les plus reculées où elles puissent atteindre, comme formant la base de l'existence de nos aïeux les Celtes et les Cimbres. Mais quoiqu'il en soit de ces suppositions plus ou moins vraisemblables, les espèces ou variétés de froment qu'on cultive dans le département depuis un temps immémorial, celles qui paraissent, en raison de leur antiquité, propres à son climat et à son agriculture, sont :

Le BLANZÉ, BLAZÉ OU BLÉ BLANC appartenant à la catégorie des blés raz ou mutiques, c'est-à-dire sans barbe, c'est le plus estimé, celui qui donne la farine la plus blanche.

Le BLÉ ROUX OU ROUGE, dont il existe deux sous-variétés, l'une BARBUE, et l'autre SANS BARBE : Il est plus productif, plus rustique ; résiste mieux aux gelées ; est moins exigeant sur la fertilité du sol.

Enfin, le BLÉ BLANC BARBU, dit GRIS FROMENT, qui tient des qualités des précédents.

Nous ne mentionnons pas ici l'épeautre qui, dans le sens botanique est une espèce de froment; parce qu'en raison des enveloppes coriaces de ses graines, il présente au double point de vue agricole et économique, des différences considérables qui justifient qu'on le sépare, pour en traiter dans un paragraphe distinct.

Chacune de ces sortes de blé présente deux sous-races, l'une d'automne et l'autre de printemps; mais elles paraissent découler d'un même type et se transformer aisément l'une dans l'autre par la culture.

D'habiles et zélés agriculteurs, à la tête desquels on peut citer MM. J. Lefebvre, Gouvion-Deroy, Demesmay, Dervaux-Lefebvre, Lecat-Butin, Fiévet, de Courcelles, Porquet, Vandercolme, ont introduit dans la culture en grand, avec des succès divers, plusieurs variétés de froment exotiques, parmi lesquels on compte le BLÉ DE TALAVERA, LE BLÉ DES HAIES OU FROMENT VELOUTÉ, LE BLÉ LAMMAS OU BLÉ ROUGE ANGLAIS, LE BLÉ HYKLING, LE BLÉ DORÉ OU BLÉ ROUX à paille blanche, LE PROLIFIQUE, LE BLÉ BLANC D'ESSEX, le BLÉ D'AMÉRIQUE *dit* Napkin. Quelques-unes d'entr'elles présentent d'incontestables avantages sur les espèces ou variétés indigènes ; mais aucune ne résiste aussi bien aux hivers rigoureux, que celles acclimatées dans le pays depuis des temps fort reculés.

Dans le cours de sa végétation, le froment est exposé, sous nos latitudes, aux gelées intenses, aux inondations, aux attaques de parasites nombreux : les uns, tels que le *cephus pygmée*, le *clorops à lignes*, l'*agromyse à tarses noires*, le *taupin* et la *cécidomye des blés*, appartiennent à la classe des insectes ; les autres sont des plantes cryptogames qui constituent les maladies connues sous les noms de *rouille*, de *carie* et d'*ergot*.

Deux de nos honorables concitoyens, le savant entomologiste, M. Macquart, et le botaniste distingué, M. Desmazières, ont fait de ces êtres l'objet de leurs patientes études, mais, jusqu'ici, les lumières de la science sont restées peu fécondes en applications pratiques, et c'est encore aux moyens que l'expérience traditionnelle a enseignés, que le cultivateur du Nord a recours pour prévenir les dommages des plus dangereux ennemis de ses moissons. Parmi ces moyens, le plus efficace réside dans les assolements perfectionnés, qui font l'honneur et la richesse de nos campagnes et qui, on n'en saurait douter, agissent en portant le trouble dans les conditions de multiplication et de développement de la plupart de ces parasites. Toutefois, il en est surtout un, l'*uredo de la carie*, contre lequel les meilleures combinaisons de l'alternat des cultures sont restées impuissantes, probablement en raison de ce que les semences destinées à assurer les récoltes futures, sont elles-mêmes empreintes des germes excessivement tenus et invisibles qui doivent ultérieurement se développer à leurs dépends; ici le bon choix et particulièrement la soigneuse épuration des graines employées à la reproduction, suffisent souvent pour prévenir le mal : on ajoute parfois et avec un succès qui, s'il n'est pas constant, n'en est pas moins incontestable, l'immersion de ces graines dans des dissolutions caustiques de chaux, de sulfate de cuivre, d'acide arsénieux, etc.; enfin, l'amendement rationnel du sol paraît aussi contribuer à écarter le danger de la carie des grains (1).

Nous allons successivement déterminer, dans les lignes qui vont suivre, l'étendue, les produits et la valeur de la culture du froment, considérés dans l'ensemble du département et dans ses subdivisions par arrondissement.

Étendue de culture. — La plus précieuse de toutes les céréales occupe une étendue considérable du territoire dépar-

---

(1) Les renseignements manquent pour l'estimation des pertes résultant de ces causes, cependant, d'après l'enquête agricole concernant 1852, elles auraient, dans leur ensemble, opéré la destruction dans le département de 587,970 hectolitres ou pour une valeur de 1,657,047 francs, et il s'en faut de beaucoup que ce soit là une année désastreuse.

temental : La moyenne des dix dernières années s'élève à 120,102 hectares.

Et constitue environ 34 p. % de l'espace consacré à l'ensemble de toutes nos cultures, qui embrassent 348,245 hectares.

La France entière accorde au froment 3,008,897 hectares ; c'est près de vingt-neuf fois ce qui lui est dévolu dans le Nord et les trois dixièmes des cultures nationales.

Peu de départements accordent une étendue destinée à la production de cette plante, féculifère par excellence, plus vaste ou aussi vaste que dans le Nord ; mais par contre, les neuf dixièmes se montrent notoirement inférieurs à lui. Comme points extrêmes, on peut citer l'espace consacrée à la culture du froment dans le

Gers.	144,667 hect.	Cantal.	4,992 hect.
Lot-et-Garon.	133,909 —	Creuse.	1,242 —

La surface du domaine agricole accordée à la culture du froment, s'étend ou se resserre, d'année à autre, suivant certaines conditions économiques qu'il sera important de constater et qui jouent un rôle considérable sur la prospérité des sociétés humaines. Voici les différences qu'elle a présentées, dans la circonscription départementale du Nord, durant la dernière période décennale.

	Surfaces.
1840	111,486 hect.
1845	113,519
1846	117,946
1847	121,024
1848	118,243
1849	120,186
1850	120,621
1851	120,018
1852	122,037
1853	125,505
1854	130,538
Moyenne :	120,102

La distance qui sépare les termes extrêmes de cette série de chiffres, est d'environ 16 p. % et mérite d'autant plus d'être remarquée, qu'elle se rattache à un genre de production qui doit desservir les plus impérieux et les plus invariables besoins des populations.

Il existe entre les sept arrondissements dont se compose le département du Nord, des différences notables dans la proportion du sol ensemencé en blé. Voici comment se trouve répartie la moyenne décennale de 120,102 hectares qui vient d'être indiquée comme appartenant à leur ensemble.

Arrondissements.	Surfaces en froment.	Etendue totale des cultures.	Proportion du froment aux autres cultures
Lille.	21,367	63,293	33 %
Dunkerque. . .	16,637	42,234	38 %
Hazebrouck . .	18,349	37,764	47 %
Avesnes	14,370	60,220	23 %
Cambrai. . . .	22,719	35,417	37 %
Douai	13,058	42,792	32 %
Valenciennes. .	13,602	66,535	34 %
	120,102	348,255	34 %

Par l'inspection de ces nombres, on reconnaît que le tiers de l'étendue de nos cultures, est en général consacré à la production du froment ; que dans l'arrondissement d'Avesnes, cette étendue ne s'élève pourtant qu'à un quart ; mais que dans celui d'Hazebrouck elle est de près de moitié.

La répartition par habitant, de l'espace occupé par le froment, donne pour :

Nord.	France.
10,4 ares,	17,0 ares.

Considérée dans les divers arrondissements, cette répartition offre les différences suivantes :

	Ares.	
Lille,	7,0	par habitant.
Dunkerque,	15,7	
Hazebrouck,	17,5	
Avesnes,	10,0	
Douai,	13,0	
Valenciennes,	8,6	
Cambrai,	13,1	

Nous verrons plus tard que l'infériorité relative du département du Nord, en ce qui concerne la répartition de l'étendue du froment, est, en grande partie, compensée par l'abondance de ses produits.

Ensemencement. — L'intelligence des cultivateurs flamands s'applique avec un soin tout spécial à ne confier à la terre que les meilleurs types reproducteurs de froment. Dans les arrondissements de Dunkerque et d'Hazebronck, les blés de semence sont tirés des terres argileuses de Bombecque, de Roubrouck, de Saint-Omer, de Cassel et de Bailleul. L'arrondissement de Lille se fournit des blés obtenus sur les terres compactes d'Armentières, de Merville et de Saint-Venant ; dans la circonscription de Douai, on préfère les blés d'Orchies : Valenciennes, Cambrai et Avesnes, s'approvisionnent comme Lille, des blés de semence d'Armentières.

Quelques agriculteurs d'élite, à la tête desquels on peut placer MM. Gouvion-Deroy, Porquet et Dervaux-Lefebvre savent conserver la pureté de leurs blés de reproduction, sans recourir à des importations fréquemment renouvelées. Voici comment ce dernier procède : Parmi les blés semés spécialement pour semences, et dans la proportion de 60 à 65 litres par hectare, il fait choix des plus beaux grains, lesquels doivent, seuls servir à créer des reproducteurs pour l'année suivante ; le reste de la graine est employé, après un bon triage, à la semence générale.

La quantité de grain destinée à la reproduction de nouvelles récoltes de froment, est très-variable : Elle dépend de l'époque relative des semailles, de la culture qui la précède, de la méthode d'ensemencement ; de la fertilité du sol et de certaines conditions géologiques, climatériques et météorologiques.

Dans les semis à la volée, 140 à 150 litres suffisent pour un hectare, lorsque l'emblavement est hâtif et se fait dans le cours d'octobre. Plus tard, et surtout dans la dernière quinzaine de novembre, comme pendant tout le mois de décembre, on porte de 180 à 200 litres la quantité de graine de semence : enfin, quand les semailles se font en temps pluvieux, on dépasse encore ces proportions.

Après les récoltes de trèfle, de fèves ou de betteraves, on réduit généralement la semence de 10 à 20 litres par hectare.

L'usage du semoir, qui se répand de plus en plus dans le département et qui deviendra général, quand toutes les terres humides auront été asséchées par le drainage, porte une nouvelle réduction dans la quantité de blé consacrée à la reproduction. On estime au plus à 100 litres, le blé nécessaire à l'ensemencement d'un hectare, et d'excellents cultivateurs, tel que M. Dervaux-Lefebvre, n'y emploient que 75 à 80 litres.

Les sols riches et bien fumés réclament moins de semences que les terres arides ou épuisées, qui ne supportent que difficilement et avec désavantage le froment. Dans ces dernières on porte quelquefois la proportion de la semence de 230 à 245 litres par hectare.

Enfin, les éventualités de fortes et graves gelées, provoquent assez communément les bons praticiens agricoles à augmenter la dose de semence.

Tant de causes diverses agissant dans des sens diamétralement opposés, rendent des plus incertaines, la détermination de la quantité de graine dépensée annuellement pour les semailles.

Quantité de semence employée. — D'après les relevés administratifs, le prélèvement pour les semailles aurait été, dans le département, en

1840	de	214,088 hectolitres.
1845	—	227,038
1846	—	235,892
1847	—	242,048
1848	—	236,486
1849	—	240,372
1850	—	241,242
1851	—	240,036

$$1852 \quad — \quad 244,074$$
$$1853 \quad — \quad 251,010$$
$$1854 \quad — \quad 238,460$$

Moyenne : 241,077 hectol.

Mais ces termes ayant été calculés sur des données variables et exagérées de 2 hectolitres, 1 hectolitre 92 litres, et 1 hectolitre 87 litres de semence par hectare, sont évidemment erronés et dépassent d'au moins un dixième, la quantité réelle de la consommation des grains pour semailles, que nous estimons devoir être réduite à 180 litres.

D'après cette base, le prélèvement moyen du blé pour la reproduction serait de

216,970 hect.

Qui au prix moyen de 18 fr. 85 c. constitueraient une dépense de

4,089,884 fr.

Pour la même destination, la France entière emploie

11,441,789 hect. valant 182,162,337 fr.

C'est environ cinquante fois plus que relativement dans le Nord.

Chaque arrondissement participe aux dépenses en graines de semailles, dans les proportions suivantes :

	Hectolitres.	Valeur : fr.
Lille	38,674	729,005
Dunkerque . .	30,041	566,272
Hazebrouck. .	33,134	624,676
Avesnes . . .	25,950	489,157
Cambrai . . .	41,023	773,284
Douai	23,582	444,521
Valenciennes .	24,566	463,069
	216,970	4,089,884 fr.

Multiplication de la semence. — Il y a, suivant les années, une grande inégalité dans le nombre de fois que la semence multiplie. Voici, d'après les chiffres officiels son rendement dans le département pendant le cours des dix dernières années :

		Multiplication.
1840	—	10,81 pour 1
1845	—	10,28
1846	—	9,83
1847	—	13,86
1848	—	11,60
1849	—	12,37
1850	—	12,58
1851	—	12,78
1852	—	11,85
1853	—	8,69
1854	—	12,76

Moyenne :   11,64 pour 1

Mais, nous l'avons déjà fait remarquer, l'estimation de la quantité de semence réellement consacrée aux semailles est élevée trop haut dans les documents administratifs, et il convient d'introduire dans les calculs représentés par les chiffres précédents, la correction d'un dixième en moins, ce qui porterait la moyenne de la multiplication des semailles dans la vieille Flandre française, à

12,80 pour 1.

Témoignage d'une remarquable fécondité, puisqu'elle n'est pour le reste de la France que de

6,07 pour 1.

Et qu'elle se trouve en même temps supérieure à la multiplication des pays les mieux cultivés de l'Europe :

En Angleterre, elle est de	9
En Écosse, —	8
En Irlande, —	10
En Belgique, —	11

Toutefois, il faut bien le reconnaître, tous ces termes sont à une immense distance des merveilleux rendements attribués, par les écrivains de l'antiquité, à certaines contrées privilégiées, telles que l'Egypte, la Palestine, la Syrie, qui, d'après Pline,

Varron et la Genèse, multipliaient 100 pour 1 et, suivant Hérodote, pour la Lybie, rendait 300 pour 1. De ces exemples fameux, quelques érudits ont conclu, que le temps avait considérablement affaibli la puissance de fécondité de la principale plante nourricière du genre humain ; mais c'est assurément là une erreur évidente, car, en écartant ce qu'il peut y avoir d'exagéré et d'exceptionnel dans les faits qui viennent d'être cités, il se passe sous nos yeux des choses analogues. Dans les bonnes années et sur les bonnes terres, les cultivateurs des environs de Lille obtiennent 30 et 40 pour 1 de leurs semences. Suivant M. Gouvion-Deroy, il aurait, en 1854, recueilli de 50 à 54 pour 1. M. Vandercolme a encore surpassé ce chiffre sur un terrain drainé, où la multiplication a été de 60 à 66. Enfin, dans les vastes potagers de sa propriété d'Hem, M. J. Lefebvre aurait, il y a quelques années, atteint environ 100 pour 1.

Ces curiosités d'agronomie et de physiologie végétale ne ressortent, ni de l'agriculture pratique, ni de l'économie politique, qui ont pour but essentiel, la première la création, et la seconde la détermination des ressources alimentaires de l'homme, produites dans des conditions normales et sur de vastes étendues de pays.

Les sept arrondissements du Nord ne sont pas également favorisés par la puissance de fécondité de la semence ; les déductions de la dernière période décennale ont donné pour ceux de

	D'après les chiffres officiels.	D'après les rectifications indiquées.
Lille.	13,29 pour 1	14,52 pour 1
Dunkerque. . .	10,04	11,40
Hazebrouck . .	12,02	13,22
Avesnes	12,00	13,20
Cambrai	11,08	12,18
Douai	10,41	11,45
Valenciennes. .	12,78	14,05
Moyennes :	11,64 pour 1	12,80 pour 1

Comme précédemment, nous voyons encore ici la supériorité appartenir à l'arrondissement de Lille et celui de Dunkerque rester inférieur à tous.

Production. — Livrer le pain à une population de 1,156,000 habitants, exige des agriculteurs du Nord, d'immenses efforts, qui se résument dans le tableau ci-après de la production annuelle de froment obtenu durant une série décennale.

		hectolitres.
1840	—	2,312,689
1845	—	2,239,747
1846	—	2,224,733
1847	—	3,224,029
1848	—	2,634,295
1849	—	2,854,292
1850	—	2,904,223
1851	—	2,900,835
1852	—	2,746,850
1853	—	2,073,238
1854	—	3,114,541

Moyenne : 2,656,898 hect.

La production totale de la France, étant de

69,158,652 hectolitres.

Il en résulte que la récolte du Nord en est la 25.ᵉ partie.

Le Nord est aussi le département le plus fécond dans cette catégorie de céréales : celui qui vient immédiatement après, est la Seine-Inférieure qui produit 2,120,600 hectolitres ; à l'extrémité opposée de l'échelle, on trouve la Creuse, dont la récolte n'équivaut qu'à 10,214 hectolitres.

On est frappé, en consultant les nombres du tableau précédent, des oscillations éprouvées dans les récoltes formant l'approvisionnement destiné à faire face au premier de nos besoins alimentaires. On voit en effet entre les productions,

Maximum de 3,114,544 hect.
Et minimum de 2,073,238

une différence de 1,041,303 hect.

C'est-à-dire de près de 50 p. % sur la moyenne générale : chiffre menaçant et sur lequel nous aurons occasion de revenir.

On peut remarquer en outre que le plus grand excédant ne surpasse la moyenne que de

457,643 hect. ou 16 p. %.

Tandis que le plus minime produit est inférieur à cette moyenne de

583,660 hect. ou 22 p. %.

La quantité totale de blé récolté dans le département est répartie, moyennement calculée, de la manière suivante entre les arrondissements,

	Hectolitres.	
Lille.	548,737	— 21 %
Dunkerque. . .	324,978	— 12 %
Hazebrouck. . .	355,256	— 13 %
Avesnes	335,496	— 13 %
Cambrai	489,765	— 18 %
Douai	264,469	— 10 %
Valenciennes. .	338,197	— 13 %
	2,656,898	100

Poids. — Les expériences administratives exécutées dans le pays, ont donné lieu de constater des variations de poids de l'hectolitre de froment qui, dans certaines années, en faisaient monter le taux moyen jusqu'à 78 kil., et dans d'autres années, les faisaient descendre au-dessous de 73 kil., et même de 72,80. Mais, ces essais étant pratiqués au mois de décembre, alors que les grains ne sont pas encore privés de l'excédant d'eau de végétation qui les rendent spécifiquement plus légers, les données procurées par ces pesées sont sensiblement moindres que celles qui résulteraient d'investigations semblables, faites durant toute l'année. On peut donc, embrassant la totalité de cette période, considérer le poids de 77 kil. par hectolitre, comme exprimant de la manière aussi rapprochée que possible, la moyenne générale des récoltes de blé obtenues depuis dix ans dans le département.

Voici du reste l'échelle de variation suivie par le poids de l'hectolitre de froment, durant la période soumise à nos investigations.

Poids de l'hectolitre.

1840	77,95 k.
1845	77,90
1846	76,74
1847	75,68
1848	76,54
1849	76,97
1850	75,82
1851	77,62
1852	73,89
1853	77,97
1854	78,10

Moyenne. . . 77 kil.

Les différences du poids spécifique des récoltes de froment indiquent assez exactement le titre de leur puissance nutritive et doivent nécessairement entrer dans le calcul de ce qu'elles peuvent offrir de ressources pour la subsistance des populations. Jusqu'ici pourtant cet élément est resté étranger aux déductions de la statistique, probablement par suite des difficultés de réunir les documents indispensables pour le fixer. Quoiqu'il en soit, il est impossible de négliger des dissemblances qui entre

le maximum   78,10 kil.

et le minimum   72,89

s'élèvent à   5,21 kil.

ou à 6 ½ pour %

et qui peuvent avoir pour effet, avec deux récoltes égales pour le nombre d'hectolitres , d'en donner une qui satisfasse exactement aux besoins de la consommation, tandis que l'autre aurait une insuffisance de 23 jours pour compléter l'année.

La soigneuse épuration du cultivateur flamand, qui élimine

par des criblages multipliés, d'un côté 2 1/2 p. 0/0 de menus grains destinés aux animaux, et de l'autre 10 p. 0/0 de grains médiocrement développés consacrés à la nourriture du personnel de la ferme, contribue à surélever, dans le département du Nord, d'environ 1 kilog. le poids spécifique de l'hectolitre de froment.

Opérant la réduction en poids, d'après la base de 77 kil., sur les 2,656,898 hectolitres de froment, représentant la quantité normale des récoltes du Nord, on arrive à

2,045,811 quintaux métriques.

D'après Royer, le poids moyen de l'hectolitre de froment ayant été de 1819 à 1835 de 74 kil. 94 pour toute la France, sa production annuelle de 69 694,189 hectolitres, pèserait

52,228,825 quintaux métriques.

C'est-à-dire un peu moins que vingt fois la récolte du département du Nord.

En passant, nous remarquerons une chose sur laquelle nous aurons occasion de revenir, c'est que les années où les moissons sont en déficit, quant à la quantité, sont aussi généralement celles où le poids du blé fléchit davantage, en sorte que cette coïncidence peut être considérée comme une fréquente aggravation des crises de subsistances.

Pailles. — Suivant les expériences de notre collègue, M. Demesmay, et les appréciations des praticiens les plus éclairés, la moisson du froment donnerait assez exactement dans le département du Nord, 30 p. %, de son poids en grain, 60 en paille, '5 en bâles et 5 en poussière ou évaporation. Mais en-dessus et en-dessous de cette moyenne, il existerait des variations qui, dans leurs termes extrêmes, pourraient élever le poids de la paille à 80 p. % ou l'abaisser à 40.

D'après ces données, la récolte moyenne de froment équivaudrait en paille à

4,314,064 quintaux métriques.

Celle maximum, à

5,752,085 quintaux métriques

Et celle minimum, à

2,876,042 quintaux métriques.

Récapitulation des produits du froment. — Si on réunit les quantités en poids des produits indiqués ci-dessus, on a

Grain, 2,045,811 quintaux métriques.
Paille, 4,314,064
Chaumes (1) et bâles, 647,109

Total : 7,006,984 quintaux métriques.

Production par hectare. — La quantité de blé produit par hectare subit des fluctuations correspondantes à celles qui ont été décrites ci-dessus. Elles ressortiront du tableau qui va suivre.

		Hect.
1840	—	20,75
1845	—	19,73
1846	—	18,86
1847	—	26,61
1848	—	22,28
1849	—	23,75
1850	—	24,15
1851	—	24,17
1852	—	22,51
1853	—	16,52
1854	—	23,86

Moyenne : 22,11 hect.

Les plus grands écarts des chiffres ci-dessus se rencontrent entre

Maximum, 26,61 [20] p. % au-dessus de la moyenne.
Minimum, 16,52 [25] p. % au-dessous.

Offrant une différence totale de 10,09 hectol.

(1) D'après Royer et d'autres agronomes, les chaumes équivaudraient au dixième du poids de la paille.

Comparativement à la production française qui est de
12 hect. 45 par hectare.

Le département du Nord produit donc 9 hectolitres 66 litres
en plus à l'hectare ; proportion très-considérable et qui le met
à la tête des pays de l'Europe les plus avancés en agriculture :
Après lui vient le département de la Seine-Inférieure, qui donne
19 hect. 05; le Lot n'en offre que 6 hect. 78.

Le rendement de chaque arrondissement, d'après des
moyennes décennales, est par hectare, ainsi qu'il suit :

	Hect.
Lille	24,74
Dunkerque . .	19,84
Hazebrouck . .	23,46
Avesnes. . . .	22,52
Cambrai. . . .	20,78
Douai.	20,40
Valenciennes .	23,05
Moyenne :	22,11

Poids. — Transformée en poids, la récolte d'un hectare de
froment donne pour moyenne en grains,

1,702 kil.

Paille. — Une moisson ordinaire procure en outre une production en paille pouvant être estimée à

3,050 kil.

Et qui, suivant les occurences favorables ou défavorables, peut
aller jusqu'à 4,800 kil. ou s'amoindrir à 2,400.

Récapitulation des produits par hectare. — Les éva-
luations approximatives précédentes se résument en constatant,
que la culture d'un hectare en froment, produit en poids dans
l'ancienne Flandre,

Grains,	1,702 kil.
Paille,	3,050
Chaumes et bâles,	458
Total :	5,210 kil.

Quote-part individuelle. — Parmi les signes de l'abondance et du bien-être des peuples, le plus saillant est incontestablement tiré de la quantité de blé que la fécondité du sol permet d'accorder à chaque individu. Sous ce rapport, le département du Nord n'a rien à envier aux autres contrées, malgré l'excessive densité de sa population, comparée avec l'ensemble de la France, la quote-part par habitant est

Nord.	France.
230 litres.	208 litres.

Tandis qu'elle n'est que

Iles britanniques, de	163 litres.
Espagne,	127 —
Autriche,	62 —
Prusse,	46 —
Suède,	8 —

La paille de froment, si elle était co-partagée de la même manière, fournirait en outre par individu

Nord.	France.
373 kil.	317 kil.

De telle sorte que la somme totale et en poids dévolue à chaque habitant serait ainsi :

	Nord.		France.
Grain,	177 kil.		156 kil.
Paille,	373		317
Total :	550 kil.		473 kil.

Valeur de la production. — A travers la mobilité des prix de la plus précieuse des céréales, il est difficile de fixer la valeur de ses récoltes et d'en suivre toutes les conséquences sur la société en général et sur l'agriculture en particulier ; c'est là pourtant un grave et important sujet d'études pour les économistes, comme pour les agronomes.

S'il ne fallait, pour donner des chiffres comparables à ceux de la statistique, qu'estimer la valeur de la production de froment, dans le Nord, sur la moyenne des dix dernières années, les 2,658,898 hectolitres obtenus sur les domaines agricoles de cette fraction de la France, équivaudraient, au taux de 15 fr. 30 c. relaté dans le grand inventaire agricole de la France, à 40,681,139 fr.

Mais cette estimation, purement conventionnelle, s'éloignerait sensiblement de la vérité et ne permettrait pas de saisir jusqu'à quel degré, la variabilité de la valeur du blé peut s'étendre et réagir sur le bien-être ou le malaise social.

Le tableau suivant, dressé d'après les prix officiels déjà mentionnés, donne aussi exactement que possible, la valeur réelle des récoltes pour chacune des années qui y sont reprises. Nous remarquerons seulement en passant, qu'il y a lieu, dans ces sortes d'estimations, d'appliquer à une récolte quelconque, le prix de l'année où elle a été consommée et non celui de l'année où elle a été faite.

	Valeur totale.	Prix de l'hect. fr. c.
1840	35,384,142	15,30
1845	45,534,057	20,33
1846	59,333,628	26,67
1847	44,840,093	13,89
1848	36,853,787	13,99
1849	38,561,485	13,51
1850	39,410,306	13,57
1851	45,872,239	15,85
1852	57,986,003	21,11
1853	54,899,342	26,48
Moyenne :	45,867,508	

Les années qui ont atteint les chiffres les plus élevés sont, 1846, 1852 et 1853, parfaitement connues comme ayant donné une production insuffisante ; celles qui ont donné les chiffres les plus bas sont au contraire 1840, 1848, 1849 et 1850, remarquables par l'abondance de leurs récoltes.

Les points extrêmes de l'échelle sont occupés par 1846 et 1840, entre la remière et la seconde reprise ci-dessous

59,333,628 fr.

35,384,142

on trouve la différence considérable de 54 pour %. L'une reste supérieure à la moyenne de 31 p. % ; l'autre lui demeure inférieure de 23.

Nous reviendrons sur ces faits économiques, qui renferment le secret de bien des perturbations sociales.

Pour constituer le chiffre moyen de la valeur des moissons de froment obtenues annuellement du département, voici dans quelle proportion participe chaque arrondissement.

Lille,	9,475,452 fr.	— 21 %.
Dunkerque,	5,610,276	— 12 »
Hazebrouck,	6,232,982	— 13 »
Avesnes,	5,691,854	— 13 »
Cambrai,	8,455,085	— 18 »
Douai,	4,665,676	— 10 »
Valenciennes,	5,738,483	— 13 »
	45,869,508	100

Valeur de la paille.— Un mouvement analogue et à peu de chose près proportionnel à celui du grain, est suivi par la valeur acquise pour cette partie secondaire des récoltes de froment. Le relevé suivant le fera suffisamment connaître.

1840 — 11,047,903 fr.

1845 — 15,783,675

1846 — 16,808,388

1847 — 16,151,010

1848 — 11,423,988

1849 — 14,698,897

1850 — 17,295,535

1851 — 19,384,048

1852 — 18,240,407

1853 — 14,820,912

Moyenne : 15,565,476

L'écart entre les valeurs maximum et minimum est un peu moindre que pour le grain. La première ne surpasse la moyenne que de 25 p. %, mais, d'un autre côté, la seconde est de 29 au-dessous.

Récapitulation de la valeur des produits du froment. — La valeur moyenne de l'ensemble des moissons de notre principale plante nourricière donne donc, dans le Nord :

Grains,	45,867,508 fr.
Paille,	15,565,476
Estimation des chaumes et bâles,	2,334,820
Total général :	63,767,804 fr.

La valeur correspondante de l'agriculture française est de un milliard et demi, c'est-à-dire n'atteignant qu'un chiffre vingt-trois fois plus élevé.

Valeur par hectare. — Une nouvelle preuve de la supériorité culturale, déjà tant de fois démontrée de l'ancienne Flandre, se résume dans les chiffres comparatifs suivants, de la valeur moyenne du produit par hectare du froment, qui est pour

	Grains.	Paille.	Ensemble.
Le Nord,	385 f.	129 f.	514 f.

Alors que la grande statistique agricole française n'oppose à ces valeurs, pour

	Grains.	Paille.	Ensemble.
La France,	198 f.	71 f.	269 f.

C'est un revenu territorial brut très-sensiblement double dans le Nord, de celui appartenant à la totalité de la France.

Les récoltes sont soumises à des éventualités d'abondance et de pénurie qui, comme nous l'avons déjà nombre de fois constaté, en font beaucoup varier la quantité. D'un autre côté, diverses conditions économiques réagissent sur le prix de leurs produits et contribuent à en élever ou à en abaisser la valeur. Le tableau suivant montrera quelle est l'étendue de mobilité, que la culture

du froment a éprouvée durant le cours de dix ans, relativement
au rendement brut réalisable en argent par hectare.

	Grains.	Paille.	Ensemble.
1840	317 fr.	99 fr.	416 fr.
1845	401	132	533
1846	503	142	645
1847	370	133	503
1848	312	97	409
1849	321	122	443
1850	327	143	470
1851	382	161	543
1852	475	149	624
1853	438	118	556
Moyennes :	385 fr.	129 fr.	514 fr.

Dans ces colonnes chiffrées, 1846 et 1848 figurent comme
points extrêmes,

$$645 \text{ fr.}$$
$$409$$

laissant entre leurs termes, l'écart fort étendu de 215;

Le premier de 20 p. % au-dessus de la moyenne,

Et le second 20 p. % au-dessous.

Ajoutons que cette année 1846, qui a donné un excédant de
valeur par hectare égal à 20 p. %, est précisément une année de
déficit, relativement à sa récolte, qui avait essuyé une réduction
de 16 p. %, tandis que 1848, avec son amoindrissement de
20 p. % en valeur, et 1849 de 14, sont au contraire des années,
l'une égale et l'autre supérieure de près de 10 p. % à la
production normale.

Remarquons enfin, que vers les limites extrêmes qui viennent
d'être indiquées, se rencontrent les souffrances de la consommation ou de la production, qui ne sauraient être également
et en même temps avantagées, qu'autant qu'elles se main-
tiennent dans un certain équilibre. Toute rupture de cet état
entraîne forcément de fâcheuses réactions, pour la société, comme
pour l'agriculture.

Considérée dans chacun des arrondissements, la valeur des produits en froment par hectare, présente des inégalités qui sont reproduites, pour la période soumise à nos investigations, dans le relevé ci-dessous.

	Grains.	Paille.	Ensemble.
Lille,	445	142	587
Dunkerque,	339	130	469
Hazebrouck,	359	131	490
Avesnes,	384	125	509
Cambrai,	378		505
Douai,	368	126	494
Valenciennes,	421	127	548
Moyennes :	385	129	514

Valeur par habitant. — En supposant la valeur des produits de la culture du froment divisée par le nombre d'individus que le département et la France contiennent, la quote-part serait pour

	Grains	Paille.	Ensemble.
Le Nord,	40 fr.	13 fr.	53 fr.
La France,	31	11	42

Quantité disponible. — Sur la moyenne des récoltes du département du Nord indiquée plus haut comme égale à 2,656,898 hectol., il reste pour la consommation, après la soustraction de ce qui est destiné aux semailles,

2,419,098 hectol.

Quantité équivalente à la 24.ᵉ partie du froment annuellement disponible pour les besoins du peuple français, qui figure dans la statistique pour 58,096,282 hectol.

On ne saurait pourtant se dissimuler, que cette quantité est très-mobile, ainsi que le prouvent les oscillations qu'elle a subies dans les dix dernières années, et qui sont représentées dans le relevé ci-après

	Quantité.	Poids total.
1840	2,098,601 hectol.	1,635,860 quintaux métriques
1845	2,012,709	1,567,900
1846	1,988,941	1,526,313
1847	2,978,981	2,254,516
1848	2,397,809	1,835,283
1849	2,613,920	2,011,934
1850	2,662,981	2,019,072
1851	2,660,799	2,065,312
1852	2,502,776	1,849,301
1853	1,819,228	1,418,452
1854	2,873,435	2,244,153

Moyennes: 2,419,098 hectol.   1,857,100 quintaux métriques

Ces chiffres représentent la subsistance essentielle d'une population qui dépasse un million d'hommes dont l'existence est liée à la possibilité d'être pourvue d'une proportion déterminée de cette céréale de première nécessité. Sous ce rapport, la distance qui sépare les termes principaux exprimés dans ce relevé, emprunte une gravité et une importance de premier ordre.

Entre les quantités disponibles

> Maximum   (1847) 2,978,981 hect.
> Et minimum (1853) 1,819,228

> La différence :   1,159,753 hect.

est d'environ 48 p. %, qu'on peut considérer comme la plus large séparation qui puisse éloigner l'extrême abondance, de l'affreuse disette.

Les deux années les plus fécondes et qui surpassent beaucoup la moyenne sont

> 1847 qui a donné en plus, 23 p. %.
> 1854   19 —

Les plus désastreuses, au contraire, sont :

> 1853 ayant un déficit de 25 p. %.
> 1846   —   18 —

Consommation.—Les statisticiens et les économistes s'ac-

cordent à estimer la consommation annuelle et moyenne de
chaque membre de la grande famille française comme égale à
3 hectolitres de froment, ou leur équivalent en autres produits
féculents. Dans le département du Nord, ainsi que dans tous les
pays riches, fertiles et industrieux, c'est le blé qui entre presqu'exclusivement dans le régime des populations, et on considère généralement que la quote-part de ses habitants s'élève
à 2 hect. 33 litres, tandis que, considérée en général, la consommation individuelle française n'est que de 1 hect. 75 lit.
Le complément étant fourni par le méteil, l'épeautre, le seigle, le
sarrasin, les pommes de terre, etc., etc. Admettant la donnée de
2 hect. 33 litres comme exacte, nous allons voir dans le tableau
suivant que les récoltes successives des dix dernières années
ont été tour à tour excédantes ou insuffisantes pour les besoins
de l'alimentation (1).

	Quantité nécessaire pour la consommation.	Quantité fournie par les récoltes.	Déficit des récoltes.	Excédant des récoltes.
	h.	h.	h.	h.
1840	2,392,156	2,098,601	293,555	»
1845	2,507,861	2,012,709	495,152	»
1846	2,522,189	1,988,841	533,348	»
1847	2,554,666	2,978,981	»	424,275
1848	2,578,155	2,397,809	180,346	»
1849	2,601,419	2,613,920	»	12,501
1850	2,624,683	2,662,981	»	38,298
1851	2,648,298	2,660,799	»	12,501
1852	2,668,862	2,502,776	166,086	»
1853	2,686,284	1,819,228	867,056	»
1854	2,695,334	2,873,435	»	178,101
Moyennes.	2,589,082	2,419,098	Tot. 2,535,543	665,676
		Déficit moyen par an	169,987	»

L'inspection des nombres qui précèdent démontre que le
Nord est en général plus consommateur que producteur. Sur

(1) Dans les calculs qui ont présidés à la confection de ce tableau, il a
été tenu compte des accroissements successifs de la population.

les onze récoltes auxquelles s'appliquent ces déductions, cinq ont été en excédant sur les besoins, et six ont laissé des vides. Toutefois, le résultat final se solde en déficit; celui-ci est de peu d'importance, et il deviendrait facile à notre agriculture perfectionnée de le combler.

Ainsi, sur la consommation des dix dernières années, qui égale en moyenne et par an,

2,589,082 hectolitres,

le déficit des récoltes du département aurait été annuellement, pendant la même période, équivalant à

169,987 hectolitres,

ou environ $^1/_{16}$; mais l'insuffisance des récoltes de 1846 et 1853 se serait élevée à une proportion bien plus grande, puisque pour l'une elle aurait atteint $^1/_5$ et pour l'autre $^1/_3$.

La nécessité de combler de pareils vides, donne naissance à un mouvement commercial très-important qui, année commune, exige le déplacement de 117,614 quintaux métriques. Dans les années de disette, ce mouvement dépasse un demi million de quintaux ou l'équivalent du chargement de 500 navires de 100 tonneaux métriques chacun.

Quote-part individuelle. — Sous une autre forme, les nécessités de la consommation de notre populeux département apparaîtront d'une manière plus saisissante; nous mentionnons dans le relevé ci-dessous les importations qu'il a fallu faire, répartie par habitant, pour combler les lacunes des récoltes insuffisantes et la même répartition pour les réserves données par les récoltes abondantes.

	Quote-part.	Poids.	Manquant.	Excédant.
1840	2,044 décil.	159 kil.	0,286 décil.	décil.
1845	1,870	146	0,460	
1846	1,830	130	0,500	
1847	2,717	206		0,387
1848	2,167	166	0,163	
1849	2,341	180		0,163

1850	2,364	179	«	0,034
1851	2,341	182	«	0,011
1852	2,185	161	0,145	«
1853	1,578	123	0,752	«
1854	2 484	214	«	0,154
Moyennes :	2,174	168	0,256	«

Comme conclusion de ces données chiffrées, on reconnaît qu'en moyenne les moissons de froment, dans les dix dernières années, n'ont donné, par habitant, que 2,174 décilitres ou en poids 168 k. et qu'elles ont été insuffisantes dans la proportion de 256 décilitres ou en poids de 22 kil.

Valeur de la consommation. — Retranchée dans les limites d'un seul département, cette question n'en reste pas moins complexe et ardue. Non seulement, les récoltes estimées au prix de production ont une valeur très-variable d'une année à l'autre, mais l'emprunt fait à l'importation pour compléter la consommation, subit forcément la surcharge du prix des marchés. Calculée d'après cette double base, voici quelle a été la valeur du froment consommé dans le département du Nord pour chacune des années reprises ci-dessous.

	Valeur de la récolte du département.	Prix rural de l'hectolitre.	Valeur des importations.	Prix commercial par hectol.	Valeur des excédants de récoltes.	Valeur totale de la consommation annuelle.
1840	32,156,443	15,30	5,577,545	19 »	»	37,733,988
1845 (1)	40,918,374	20,33	12 700,649	25,65	»	53,619,023
1846	53,042,388	26,67	18,273,517	33,64	»	71,315,905
1847	41,478,046	13,89	»	»	5,893,735	35,584,311
1848	33,545,348	13,99	3,183,735	17,55	»	36,728,435
1849	35,314,059	13,51	»	»	165,916	35,148,143
1850	36,136,652	13,57	»	»	519,704	35,616,948
1851	42,173,664	15,85	»	»	198,141	41,975,523
1852	52,833,601	21,11	4,422,870	26,33	»	57,256,471
1853	48,173,157	26,48	28,959,670	33,40	»	77,132,827
Moy.	41,577,173					48,211,159

(1) Chaque récolte étant en général consommée dans l'année qui suit celle où elle a été obtenue, on comprend que la consommation indiquée pour 1846 répond à la moisson de 1845 et ainsi de suite, en continuant la série jusqu'en 1854. — Pour ce qui concerne 1840, les chiffres mentionnés dans le tableau ont été puisés dans la grande statistique ministérielle, et il n'est pas vraisemblable qu'on leur ait fait subir cette rectification.

Ce qui frappe le plus dans les indications chiffrées qui précèdent, c'est la fréquence des secours auxquels le département du Nord a dû faire appel dans le cours des dix années précitées, il est arrivé sept fois qu'il a été forcé à des importations. Réparties sur toute la durée de cette période, ces importations s'élèvent à une valeur annuelle et moyenne de

6,633,986 fr.

On a $\frac{1}{6}$ de la valeur des récoltes ordinaires, dont l'insuffisance n'est pourtant que de $\frac{1}{16}$. On peut juger par là des conditions onéreuses imposées aux pays qui ne tirent point leurs subsistances de leur propre sol. Les exemples fournis par les années de disette 1847 et 1854 sont encore bien plus remarquables sous ce rapport ; elles correspondent à la consommation de récoltes dont l'insuffisance était de $\frac{1}{5}$ et de $\frac{1}{3}$; la valeur des importations qu'elles ont provoquées a égalé plus des $\frac{2}{5}$ et $\frac{2}{3}$ de la valeur moyenne des récoltes indigènes.

Si la consommation annuelle du froment était co-partagée également entre tous les habitants du département, elle donnerait en valeur moyenne

43 fr.

Mais, considérée isolément pour chaque année, elle offrirait les inégalités reproduites dans le tableau suivant :

1840	36 fr.
1846	50
1847	66
1848	32
1849	33
1850	31
1851	32
1852	37
1853	50
1854	67

Ces chiffres constatent un fait économique de la plus haute gravité, c'est que dans les années de pénurie, la valeur de la consommation individuelle de froment atteint presque le double de celle des années ordinaires, tandis que dans les années d'abondance, cette valeur fléchit d'un quart, en sorte qu'entre les deux points extrêmes, il y a une différence d'environ 120 p. 0/0.

En récapitulant les grands faits sociaux et agronomiques que renferme l'histoire de la culture des céréales et de leurs annexes, en abordant le difficile problème de l'équilibre de la production et de la consommation des denrées alimentaires végétales, nous aurons occasion plus tard, de terminer et de résumer ce qui concerne le chapitre spécial de la plante nourricière par excellence.

§ II. Méteil et Macaux.

On a confondu et rangé sous cette dénomination un produit très-distinct connu dans le pays sous le nom de MACAUX ou BLÉ MACAUX, et qui résulte du mélange ou de l'association dans des proportions très diverses du BLANZÉ avec le BLÉ ROUX et parfois le BLÉ BLANC BARBU. C'est donc sans raison qu'on a détaché ce produit de celui du froment, dont il n'est qu'une variante et une annexe, pour le rattacher au mélange cultural du seigle et du froment à peu près complètement étranger à cinq des sept arrondissements du département, et qui seul pourtant mérite la dénomination du MÉTEIL. Nous n'avons pas cru, toutefois, devoir changer cette classification défectueuse, parce qu'avant tout, il faut bien que nos investigations soient comparables avec celles qui les ont précédées et avec le vocabulaire adopté par l'administration ; toutefois, dans les détails qui vont suivre, nous aurons soin de distinguer ce qui appartient à chacune de ces deux cultures hétérogènes.

Etendue de culture. — Elle est d'un dixième environ de celle du froment proprement dit, et de 3 p. °/₀ de toutes les cultures, dont 2,4 pour le macaux et 0,6 centième pour le méteil. Le chiffre moyen des dernières années a été de

Macaux.	Méteil.	Ensemble.
8,485 hect.	2,532 hect.	11,017 hect.

L'espace consacré à cette double culture semble devoir se restreindre progressivement, ainsi que le constate le relevé ci-dessous, dans lequel on voit qu'en dix ans, il a diminué de près de moitié.

	Macaux.	Méteil.	Ensemble.
1840	11,213 h.	3,346 h.	14,559 hect.
1845	11,439	3,414	14,853
1846	8,744	2,609	11,353
1847	8,197	2,446	10,643
1848	9,089	2,714	11,803
1849	8,499	2,534	11,033
1850	8,296	2,475	10,771
1851	8,628	2,571	11,199
1852	8,240	2,461	10,701
1853	5,685	1,695	7,380
1854	5,317	1,582	6,899
Moyennes :	8,485	2,532	11,017 hect.

Les deux cultures réunies donnent, par habitant, près de 1 are.

La part prise par chaque arrondissement dans ce genre de production est ainsi qu'il suit :

	Macaux.	Méteil.	Ensemble.	Par individu.
Lille,	3,863 hect.	» h.	3,863 h.	1 are 05 cent.
Dunkerque,	»	29	29	0 02
Hazebrouck,	260	»	260	0 25
Avesnes,	»	2,503	2,503	1 71
Cambrai,	3,487	»	3,487	2 01
Douai,	283	»	283	0 28
Valenciennes,	592	»	292	0 37
Totaux. . .	8,485 hect	2,532 h.	11,017 h.	0 are 81 cent.

Ensemencement. — La culture du macaux et du méteil ne comporte pas moins de variations dans la quantité de semence, que les diverses espèces ou variétés de froment ou de seigle dont cette culture se compose, n'en réclament, quand elles sont cultivées isolément. On peut donc, sans crainte d'erreur, adopter la base qui a été faite dans le chapitre précédent et admettre d'estimation que ces semailles mixtes exigent en moyenne l'emploi de 180 litres de grain par hectare.

D'après cette donnée, il a été employé pour cette destination :

	MACAUX.		MÉTEIL.		
	Quantité.	Multiplication.	Quantité.	Multiplication.	Quantité des deux cultures.
1840	20,183 h.	11,69 p. %	6,023 h.	9,80 p. %	26,206 h.
1845	20,590	11,59	6,145	9,71	26,735
1846	15,739	10,25	4,696	8,55	20,435
1847	14,755	15,85	4,402	13,28	19,157
1848	16,360	11,35	5,885	9,54	22,245
1849	15,282	13,31	4,561	11,14	19,843
1850	14,933	14,02	4,455	11,75	19,388
1851	15,530	13,53	4,628	11,36	20,158
1852	14,832	12,95	4,530	10,84	19,362
1853	10,233	10,94	3,951	9,18	14,184
1854	9,571	14,09	2,847	11,85	12,418
Moyennes	15,270 h.	12,71	4,657 h.	10,63	19,931 h.

Par suite de la confusion résultant de l'application officielle du mot méteil aux blés macaux du pays, on est tombé dans l'erreur. Quand on a voulu estimer la valeur des semailles du Nord, que la statistique française fixe sur la base de 12 fr. 20 cent. l'hectolitre, il fallait lui donner, pour ce qui concerne les macaux, celle du prix moyen du froment, qui est de 18 fr. 85 cent. En acceptant cette rectification, les 19,931 hectolitres consacrés en moyenne et annuellement à la production des blés macaux et méteil, coûteraient

Macaux.	Méteil.	Ensemble.
287,915 fr.	56,816 fr.	344,731 fr.

La puissance de fécondité du macaux est un peu supérieure à

celle du blanzé ; mais celle du méteil lui est sensiblement inférieure. En moyenne, dans la dernière période décennale, la semence a multiplié de manière à donner

Macaux.	Méteil.	Ensemble.
12,71 pour 1.	10,63 pour 1.	12,29 pour 1.

L'année maximum (1847) a procuré au laboureur

Macaux.	Méteil.
16,01 pour 1,	13,28 pour 1;

dans celle minimum (1846) la multiplication n'a été que de

Macaux.	Méteil.
10,25 pour 1,	8,55 pour 1.

Les différences de fertilité que nous avons remarquées dans
les paragraphes qui précèdent, relativement à la multiplication
de la semence dans les divers arrondissements, se reproduisent
exactement ici de la même manière; cela nous dispense de les
mentionner de nouveau par des chiffres presqu'identiques.

Production. — Les oscillations qu'elle a suivies, de 1840
1854, sont reprises dans le tableau ci-après :

	MACAUX.		MÉTEIL.		
Années.	Quantité.	Poids.	Quantité.	Poids.	Ensemble.
1840	236,089 h.	75,95 q.m.	59,025 h.	74,73 q.m.	295,114 h.
1845	238,715	75,92	59,678	74,68	298,393
1846	161,360	74,74	40,340	73,52	201,700
1847	233,981	73,68	58,495	72,46	292,476
1848	185,804	74,54	46,451	73,32	232,255
1849	203,308	74,97	50,827	73,75	254,135
1850	209,392	73,82	52,348	72,60	261,740
1851	210,363	75,62	52,590	74,40	262,953
1852	192,169	71,99	48,045	71,67	240,214
1853	112,106	75,97	28,004	74,75	140,020
1854	134,920	77,10	33,730	74,95	168,650
Moy.	192,556 h.	75,00 q.m.	48,139 h.	73,78 q.m.	240,695 h.

On peut remarquer entre les récoltes

maximum,   298,393 hect.

et minimum , 140,020 hect.

l'énorme différence de   158,373 ou de 53 p. %.

La double production du blé macaux et du méteil , se partage très-inégalement entre les sept arrondissements du Nord. Voici , sous ce rapport , les résultats du relevé décennal qui sert de base à notre travail.

	Macaux.	Méteil.	
Lille,	102,995		42 p. %.
Dunkerque,	»	551	2
Hazebrouck ,	6,347	7,228	4
Avesnes,	»	47,588	19,8
Douai,	6,517	68	3
Cambrai,	62,775	63,975	25
Valenciennes,	13,922	12,990	6
	192,556	48,139	100

Paille. — Les produits en paille résultant de la culture du blé macaux et de celle du méteil, ne diffèrent pas sensiblement de ceux du blé ordinaire ; ils en éprouvent toutes les variations et se trouvent en total équivaloir, sur les récoltes moyennes, à

395,731 quintaux métriques

dont 317,677 attribuables au macaux et 78,113 au méteil.

Récapitulation des produits. — Les récoltes du macaux et du méteil se résument dans les chiffres suivants :

	Macaux.	Méteil.	Ensemble.
Grain,	144,417 q. m.	35,717 q. m.	179,934 quint. m.
Paille,	317,618	78,113	395,731
Chaumes et bâles,	47,642	11,717	59,359
Totaux :	509,677	125,547	635,224

Production par hectare. — Elle a éprouvé, relativement

au grain, les mêmes variations que celle du blé blanc, ainsi que le témoigne le résumé suivant :

	Macaux.	Méteil.	Ensemble.
1840	21 h. 05 litres.	17 h. 64 litres.	20 h. 27 litres.
1845	20 87	17 48	20 09
1846	18 45	15 46	17 75
1847	28 54	23 91	27 48
1848	20 44	17 11	19 77
1849	23 95	20 06	23 05
1850	25 24	21 15	24 32
1851	24 38	20 45	23 48
1852	23 32	19 52	22 45
1853	19 70	16 52	18 97
1854	25 37	21 33	24 45

Moyennes : 22 h. 93 litres. 19 h. 14 litres. 22 h. 04 litre.

Ce rendement de 2,293 et 1,914 litres à l'hectare, éprouve les modifications suivantes dans les sept arrondissements.

	Macaux.	Méteil.
	h. lit.	h. lit.
Lille,	25,66	»
Dunkerque,	»	19,25
Hazebrouck ,	24,03	»
Avesnes,	»	19,01
Douai.	23,13	»
Cambrai,	18,50	»
Valenciennes,	23,35	»
	h. lit.	h. lit.
Moyennes :	22,93	19,14

Ces chiffres sont susceptibles d'observations absolument identiques à celles que nous avons mentionnées en parlant du froment. Nous nous abstiendrons de les reproduire.

En réunissant le grain et la paille obtenus en moyenne par hectare de la culture du macaux et du méteil, on arrive à un total, savoir :

	Macaux.	Méteil.
Grain,	1,720 kil.	1,412 kil.
Paille,	3,592	3,592
	5,312	5,004

Quote-part individuelle. — La division des produits du blé macaux et du méteil par habitant, ne donnerait pour le département qu'une quote-part

Macaux.	Méteil.	Ensemble.
de 17 litres.	4 litres.	21 litres.

Et en poids, grain et paille réunis,

	Macaux.	Méteil.	Ensemble.
Grain,	13 kil.	3 kil.	16 kil.
Paille,	26	6	32
	39 kil.	9 kil.	48 kil.

Valeur de la production. — Elle suit exactement les mêmes évolutions que celle du froment proprement dit, ainsi qu'on en verra la preuve dans le tableau suivant, qui donne pour résultat final, la moyenne de la valeur des récoltes de macaux et de méteil, comme égale à

3,807,350 fr.

	Macaux.	Prix de l'hect.	Méteil.	Prix de l'hect.	Ensemble.
1840	3,163,593 fr.	13,40	740,764 f.	12,55	3,904,357 f.
1845	4,399,517	18,43	1,049,139	17,58	5,448,656
1846	3,996,887	24,77	964,933	23,92	4,941,820
1847	2,805,432	11,99	651,634	11,14	3,457,066
1848	2,246,370	12,09	522,109	11,24	2,768,479
1849	2,360,604	11,61	546,899	10,76	2,907,503
1850	2,443,605	11,67	566,405	10,82	3,010,010
1851	2,934,564	13,95	688,929	13,40	3,623,493
1852	3,691,566	19,21	882,106	18,36	4,573,672
1853	2,753,353	24,58	665,095	23,75	3,418,448
Moy.	3,079,549 f.	16,	727,801 f.	15,11	3,807,350 f.

La répartition est très-inégale entre les arrondissements, ainsi que le constate le relevé suivant, dans lequel celui de Lille figure pour plus de quatre dixièmes.

Lille,	1,647,920 fr.
Dunkerque,	7,325
Hazebrouck,	101,631
Avesnes,	719,052
Douai,	104,272
Cambrai,	1,004,400
Valenciennes,	222,750
	3,807,350 fr.

Valeur de la paille. — Calculés sur les bases adoptées pour la détermination de la valeur des pailles du *blanzé*, le *macaux* et le *méteil* ont éprouvé dans leurs récoltes en paille, la même mobilité qui a été signalée à l'article du froment. En moyenne, pour la dernière période décennale, sa valeur a été dans le département de

1,428,589 fr.

En récapitulant la valeur de tous les produits du blé macaux et du méteil on obtient

Grain,	3,807,350 fr.
Paille,	1,428,587
Estimation des chaumes et bâles,	214,287
Total général :	5,450,224 fr.

Donnant par hectare :

	Macaux.	Méteil.
Grain,	363 fr.	287 fr.
Paille,	130	130
	493 fr.	417 fr.

Et par habitant,

Grain.	Paille.	Ensemble.
3 fr. 30 c.	1 fr. 23 c	4 fr. 53 c.

Quantité disponible. — La réduction opérée pour les besoins de l'ensemencement a restreint les récoltes de blé macaux et du méteil comme suit :

	Macaux.	Méteil.	Ensemble.
1840	215,906 hect.	53,002 hect.	268,908 hect.
1845	218,125	53,533	271,658
1846	145,621	35,644	181,265
1847	219,226	54,092	273,318
1848	169,444	41,566	211,010
1849	188,026	46,266	234,292
1850	198,459	47,877	246,336
1851	194,833	47,962	242,795
1852	177,337	43,615	220,952
1853	101,783	24,953	126,736
1854	125,350	30,882	156,232
Moyennes :	177,646 hect.	43,581 hect.	221,227 hect.

Le faible contingent que ces deux sortes de cultures présentent à la consommation, subit toutes les éventualités favorables et fâcheuses de la production du froment proprement dit ; ainsi, les bonnes récoltes sont sensiblement le double plus abondantes que les mauvaises, et la fluctuation en-dessus et en-dessous de la moyenne est d'environ 25 et 43 p. %.

Consommation. — Des deux catégories de céréales reprises dans ce paragraphe, l'une, celle du blé macaux, est identique à celle du froment et passe en effet dans la consommation comme tel; elle figure même dans les actes administratifs comme élément de la taxation du pain ; la raison commanderait donc de la séparer du méteil et de la réunir à sa congénère : l'autre est un produit mixte de moindre qualité, presqu'exclusivement consommé par le producteur, et qui doit continuer de demeurer distinct.

Voici la quote-part individuelle, en capacité et en poids, que chacune d'elles a fourni à la population du département durant les années indiquées ici-dessous.

| | MACAUX. | | MÉTEIL. | | ENSEMBLE. |
	Capacité.	Poids.	Capacité.	Poids.	Capacité.
	litres.	kil.	litres.	kil.	litres.
1840	20	15,2	5,2	3,9	26
1845	20	15,2	5,2	5,2	25
1846	13	9,7	3,4	2,5	17
1847	20	14,7	5,2	3,8	25
1848	15	11,2	4,0	2,9	19
1849	17	12,7	4,4	3,2	21
1850	17	12,5	4,5	3,3	22
1851	17	12,9	4,1	3,1	21
1852	15	10,8	4,1	1,9	19
1853	8	6,1	2,0	1,5	11
1854	10	7,7	2,2	1,7	13
	16 litres 13,4		4,	3,0	20 l.

Le tableau ci-dessus indique que le macaux livre en moyenne à la consommation

162 décilitres par individu, et le méteil 41 ;

En tout 203 décilitres.

En poids, 16 kil., 3 hect.

Quelque faible que soit cette quantité, elle forme pourtant un appoint égal au douzième de la quote-part du froment. Parfois, cette quantité est descendue à 13 litres; mais par contre, dans les années d'abondance, elle a pu s'élever à 25 $^1/_2$, très-près du double en sus.

Ces sortes de céréales restent pour la consommation intérieure et ne sont l'objet, ni d'importations, ni d'exportations. Les excédents restent en réserve et les déficits sont comblés par des froments étrangers.

Valeur de la consommation. — La quantité addition-

nelle de denrées alimentaires puisées dans la culture du macaux et dans celle du méteil, a atteint, dans la dernière période
décennale, la valeur moyenne de

3,482,722 fr.

Mais cette valeur a éprouvé les variations signalées dans le
tableau suivant :

	MACAUX.		MÉTEIL.		ENSEMBLE.	
	Valeur.	Quote-part.	Valeur.	Quote-part.	Valeur.	Quote-part.
1840	2,893,140	2,8	665,175	0,6	3,558,315	3,4
1845	4,020,044	3,9	944,110	0,9	4,961,154	4,8
1846	3,607,032	3,4	851,892	0,8	4,458,924	4,2
1847	2,628,520	2,4	602,585	0,6	3,231,105	3,0
1848	2,048,578	1,9	467,202	0,4	2,515,780	9,3
1849	2,182,982	2,0	497,822	0,4	2,680,804	2,4
1850	2,316,017	2,1	518,029	0,4	2,834,046	2,5
1851	2,657,920	2,3	628,302	0,5	3,286,222	2,8
1852	3,406,644	3,0	800,771	0,7	4,207,415	3,7
1853	2,501,826	2,1	592,634	0,5	3,094,460	2,9
Moy.	2,826,270 fr.	2,6 fr.	656,552	0,6	3,482,722	3,2

La quote-part individuelle moyenne a été

MACAUX.	MÉTEIL.	ENSEMBLE.
2 fr. 6 déc.	0 fr. 6 déc.	3 fr. 2 déc.

Les années reprises ci-dessus ont rendu les moyennes en valeur totale et en valeur individuelle très-mobiles, laissant, comme
on peut le voir, entre les extrèmes, un écart presqu'égal de 1 à 2.

§ III. Épeautre.

Cette céréale, citée par Homère, Hérodote, Théophraste,
figurée dans les monuments égyptiens, était très-répandue dans
la culture des peuples de l'ancienne Germanie, des Gaules et de
la Scandinavie. Aujourd'hui, elle est presqu'abandonnée et se

trouve reléguée dans quelques cantons du territoire français où la statistique ne lui accorde en tout, que 4,754 hectares, dont la plus grande partie appartient au département du Nord.

Etendue de culture. — Voici, du reste, les variantes que cette étendue a subies dans les dix dernières années, en ce qui concerne notre agriculture.

1840	3,366 hectares.
1845	3,372
1846	3,350
1847	4,362
1848	3,368
1849	3,709
1850	3,486
1851	3,520
1852	3,053
1853	3,450
1854	3,180
Moyenne :	3,391 hectares.

Jusques dans ces dernières années, cette culture a été concentrée dans l'arrondissement d'Avesnes. Depuis, elle a pénétré dans celui de Lille, en sorte que la moyenne de son étendue, répartie par circonscriptions sous-préfectorales, est ainsi qu'il suit :

Arrondissements.	Surface en Épeautre.	Proportion de l'épeautre aux autres cultures.	Répartition par habitant.
Lille,	20 hect.	3/10000 ares.	1/20 cent.
Dunkerque,	»	»	»
Hazebrouck,	»	»	»
Avesnes,	3,371	560/10000	232
Cambrai,	»	»	»
Douai,	»	»	»
Valenciennes,	»	»	»
	3,391 hect.	1 p. %,	30 cent.

L'étendue de la culture de l'épeautre est de 1 centième de l'ensemble de toutes les autres cultures départementales ; elle équivaut à 30 centiares par habitant.

Ensemencement. — Les récoltes de cette céréale réclament, d'après les pratiques locales, 346 litres de semences par hectare. Il a été consacré à cette destination dans les années reprises ci-dessous, les quantités suivantes :

	Hectolitres.	Multiplication de la semence.
1840	11,641	9,10
1845	11,667	10,91
1846	11,591	8,55
1847	11,633	9,11
1848	11,673	12,88
1849	12,833	13,01
1850	11,982	8,09
1851	12,179	11,03
1852	10,563	10,92
1853	11,937	9,14
1854	11,003	14,54
Moyennes :	11,733	11,07

Dans la minime surface que lui concède l'arrondissement de Lille, la quantité de semence n'est que de 215 litres, par hectare et sa multiplication surpasse de beaucoup celle de l'arrondissement d'Avesnes puisqu'elle est de 25 pour 1.

La dépense totale de l'ensemencement de l'épeautre, au prix de 6 fr. 69 l'hectolitre, s'élève à

78,494

Production. — L'épeautre est une des plantes les plus fécondes, ainsi qu'on en pourra juger par les récoltes successives indiquées ci-dessous :

	Nombre d'hectolitres.	Poids de l'hectolitre.
1840	105,255	43,50
1845	96,602	39,99
1846	106,011	43,25
1847	187,035	43,45
1848	150,430	39,61
1849	166,905	39,40
1850	97,608	39,77
1851	134,306	40,19
1852	115,403	42,24
1853	109,119	40,80
1854	160,039	41 »
Moyennes :	129,883	42,24

A ce produit essentiel de l'épeautre, le grain,

129,883 hectolitres,

Il faut joindre celui de la paille, d'une qualité très-supérieure pour les bestiaux et qui est de

109,582 quint. métr.

d'où il résulte, qu'en additionnant l'ensemble de la production de cette céréale, on obtient

Grain. . . . . . . 54,863 quint. métr.

Paille. 109,582

Estimation des chaumes et des bâles, 16,437

Total : 180,882 quint. métr.

PAR HECTARE, l'épeautre ne produit,

En grain, que 38,30 hectolitres.

En paille, que 3,223 kil.

Formant, réduit en poids, un total de

4,841 kil.

LA QUOTE-PART INDIVIDUELLE pour la population départementale fournit en grain

11 litres 25 centilitres par habitant

du poids de

4 kil. 75.

Ajoutant pour la paille

9 kil. 50,

le produit total par individu s'élève à

14 kil. 25.

Valeur de la production. — Elle a suivi les oscillations du prix du froment, et a donné, pour le grain, dans le cours des dix dernières années, les résultats suivants :

		Prix à l'hectolitre.
		fr. c.
1840	594,691 fr.	5,65
1845	726,447	7,52
1846	1,046,329	9,87
1847	961,360	5,14
1848	779,227	5,18
1849	834,525	5
1850	489,992	5,02
1851	788,376	5,87
1852	901,297	7,81
1853	1,069,366	9,81
Moyennes :	819,161 fr.	6,69

La valeur des autres produits de l'épeautre est équivalente pour

La paille,   494,215 fr.   à 4 fr. 51 c. le q. m.

Estimation des chaumes

et des bâles, à   74,131 «   à 4 fr. 51 c. le q. m.

Total :   568,346 fr.

LA RÉCAPITULATION arrive, en y comprenant le grain et la paille, au chiffre de

1,387,507

PAR HECTARE: c'est une valeur s'élevant à

Grain.	Paille.	Ensemble.
244 fr.	146 fr.	390 fr.

La quote-part individuelle n'est que de

Grain.	Paille.	Ensemble.
0 fr. 70 c.	0 fr. 43 c.	1 fr. 13 c.

Quantité disponible et consommation.— L'épeautre, prélèvement fait des semailles, a, dans le cours des onze années inscrites ci-dessous, laissé libre pour la consommation, les quantités ci-après, donnant en moyenne

117,999 hectol. du poids total de 48,584 quint. métr.

	Quantités.	Poids total.
1840	93,339 hect.	40,602 quint. métr.
1845	85,237	34,089
1846	94,387	41,011
1847	174,400	75,777
1848	138,639	54,915
1849	153,924	60,646
1850	85,407	33,966
1851	121,986	49,026
1852	104,718	44,233
1853	97,044	39,109
1854	148,909	61,053
	117,999 hect.	48,584 quint. métr.

Le produit très-accessoire de l'épeautre reste comme celui du macaux, et du méteil, réservé pour l'usage alimentaire dans les lieux de production ; il n'est conséquemment pas l'objet d'un commerce qui en opère le déplacement. Cette culture donne proportionnellement par habitant

Litres.		Kil.
10,2	ou en poids.	4,24

La valeur acquise par les récoltes d'épeautre de la dernière période décennale a été, d'après les prix ruraux, comme il est indiqué ci-après, donnant pour moyenne

739,888 fr. ou par habitant 0,66 c.

		Quote-part
1840	527,365 fr.	0,52c.
1845	640,982	0,60
1846	931,600	0,85
1847	896,416	0,81
1848	718,150	0,64
1849	769,720	0,68
1850	428,743	0,38
1851	716,058	0,62
1852	817,848	0,71
1853	942,002	0,82
	739,888 fr.	0,66 c.

§ IV. Seigle.

L'antiquité grecque et latine ne connaissait pas la culture du seigle, qui était cependant très-répandue chez les peuples Scandinaves et Celtiques. Pline, le naturaliste, est le premier qui fasse mention de cette céréale appropriée aux rigueurs des climats du Nord et sans laquelle de vastes contrées européennes, déshéritées de la production du froment, seraient restées désertes. Dans l'ancienne Flandre française, son importance sociale est des plus faibles, puisqu'elle n'entre pas ou presque pas dans l'alimentation humaine, et que sa culture est restreinte à l'approvisionnement des distilleries de grain et à ce que peuvent réclamer d'elle les besoins de chaque exploitation pour la confection des liens, la construction et la réparation des toitures en chaume, et enfin pour l'ensemencement des *hivernages*, mélange fourrager dans lequel entre la *vesce* ou le *lentillon*. Il paraît même évident que, dans les informations administratives de statistique agricole, cette culture mixte figure parfois comme appartenant à celle du seigle pur et qu'il y aurait par conséquent lieu de réduire cette dernière au profit de la production fourragère.

L'ergot est la maladie qui attaque d'une manière plus spéciale cette rustique graminée. Livré à la consommation, le grain qui en est attaqué occasionne de graves accidents connus sous le nom d'*ergotisme*, accidents très-fréquents dans la Sologne et qui ne sont pas étrangers, au département, puisque, vers le milieu du siècle dernier, la redoutable affection de l'ergotisme fit de nombreuses victimes dans les campagnes de l'arrondissement de Douai et dans une partie de l'Artois. Aujourd'hui, que l'usage alimentaire du seigle est à peu près complètement abandonné, et que d'ailleurs des criblages parfaitement exécutés éliminent de la récolte les grains ergotés, nous avons moins à craindre le retour de pareilles calamités, mais il convient cependant encore de prémunir le cultivateur contre le danger d'administrer comme nourriture pour les animaux, les criblures contenant du seigle ergoté. Sa destruction par le feu devrait même être recommandée comme moyen le plus rationel de préserver nos récoltes de ses atteintes (1).

Etendue de culture. — L'espace qui lui est consacré, est variable et semble suivre une marche décroissante comme l'indique le tableau suivant qui fixe son étendue en

Années.	Hectares.
1840	12,104
1845	11,942
1846	12,004
1847	10,522
1848	11,047
1849	11,057
1850	10,859
1851	11,314
1852	10,532
1853	9,740
1854	9,797
Moyenne :	10,992

(1) Telles seraient du moins les déductions des expériences faites par M.

Le seigle n'occupe que la 12.ᵉ partie de l'espace départi au froment et la 30.ᵉ partie de toutes les cultures du département du Nord ; aussi son importance est-elle beaucoup moins considérable que dans le reste de la France, où il recouvre près de la moitié des terres employées à la production du froment.

Les trois arrondissements Nord-Ouest se livrent beaucoup moins à la production du seigle que les quatre Sud-Est, ainsi que cela résulte des chiffres ci-dessous :

	Surfaces en seigle.	Proportion du seigle aux autres cultures.	Répartition par habitant.
Lille,	1,265	2 p. %	0 ares 3
Dunkerque,	822	2 »	0 8
Hazebrouck,	279	1 »	0 2
Avesnes,	1,682	2 ½	1 2
Cambrai	2,537	4	1 5
Douai,	1,453	4 »	1 4
Valenciennes,	2,954	7 »	1 9
	10,992	3 p.%	1 0

Ensemencement.—La quantité moyenne de semence exigée annuellement pour la culture du seigle est, dans le Nord, d'après la proportion, à peu près constante de 183 litres par hectare, de

20,111 hectolitres.

qui, au prix de la statistique, 8 fr. 65 cent., font

173,960 fr.

D'après cette donnée, la reproduction de cette céréale a exigé, dans les années ci-dessous les dépenses en grain, qui ont multipliées comme ci-après :

Années.	Hectolitres.	Multiplication de la semence.
1840	22,150	10,05 pour 1
1845	21,854	11,31
1846	21,967	6,09

Tulasne, et répétées par M. Desmazières, desquelles il semblerait résulter que l'ergot du seigle ne serait que le *Mycelium* d'une hypoxilée, le *Claviceps purpurea*, qu'il importerait au point de vue agricole d'empêcher d'arriver au degré de développement qui assure sa propagation.

1847	19,255	12,95
1848	20,216	11,79
1849	20,234	11,21
1850	19,972	11,87
1851	20,705	11,62
1852	19,264	10,66
1853	17,824	10,51
1854	17,929	11,42

Moyennes : 20,115   10,86 pour 1

Relativement à la France, la multiplication n'est que de 5,30 pour 1, c'est-à-dire moitié moindre que dans le Nord, où l'ensemencement ne donne que l'équivalent de 1 litre $^2/_3$ par habitant, tandis qu'on trouve 15 litres en ce qui concerne la totalité de la population française.

Production. — Elle est en moyenne 128 fois plus faible que celle de la France (27,811,700 hect.) et représente

215,929 hectolitres.

ainsi que cela résulte du relevé des récoltes ci-dessous indiqué :

	Quantité.	Poids de l'hectolitre.
1840	222,789 hect.	71,30
1845	247,172	71,99
1846	133,886	69,89
1847	249,886	72,05
1848	238,349	71,05
1849	226,780	72,20
1850	235,955	72,00
1851	240,648	72,12
1852	205,712	71,87
1853	187,316	72,85
1854	204,755	71,77

Moyennes : 215,929 hect.   71,99

Chaque arrondissement fournit sur cette somme totale le contingent suivant :

	Produit total.	Production par hectare.
Lille,	25,995 hect.	21,99
Dunkerque,	16,496	18,79
Hazebrouck,	6,458	18,93
Avesnes,	32,012	18,58
Cambrai,	50,420	20,35
Douai,	27,787	17,84
Valenciennes,	56,761	22,75
	215,929 hect.	19,88

LE PRODUIT EN PAILLE est, année courante, de

393,514 quint. métriq.

LA RÉCAPITULATION DE LA PRODUCTION TOTALE et moyenne du seigle offre conséquemment

Grain. . . . . . . 155,469 quint. métriq.
Paille. 393,512
Estimation des chaumes et des bâles , 59,026

Total. 608,007 quint. métriq.

LE RENDEMENT PAR HECTARE a été de 19 hect. 88 litres.

Celui de la France étant de 10 hect. 79. Le département qui se rapproche le plus du Nord est le Finistère, qui donne 19 hect. 68. A l'extrémité opposée se trouvent les Landes qui n'obtiennent que 6 hect. 86.

Les variations éprouvées dans le produit par hectare, des dernières récoltes de seigle, figurent dans le relevé suivant :

1840	18,40 hect.
1845	20,70
1846	11,15
1847	23,70
1848	21,57
1849	20,51
1850	21,73
1851	21,27
1852	19,53
1853	19,23
1854	20,90
Moyenne :	19,88

Réduisant cette quantité moyenne en poids et l'additionnant avec le produit en paille, le seigle fournit comme indication de rendement par hectare, savoir :

En grain.	En paille.	Ensemble.
1,430 kil.	3,580 kil.	5,010 kil.

Répartie par individu, la production en grains obtenue de la culture du seigle offre une quote-part de

18 litres par habitant

Et en poids, pour

Le grain.	La paille.	Ensemble.
13 kil.	38 kil.	51 kil.

Valeur. — Estimée en argent, la valeur de la récolte moyenne du seigle équivaut à

2,249,301 fr.

ainsi que cela est constaté par les indications reprises ci-après :

	Valeur.	Prix à l'hectolitre.
1840	1,927,125 fr.	8,65
1845	3,455,065	13,09
1846	2,067,200	15,48
1847	1,969,438	7,90
1848	1,692,278	7,10
1849	1,680,440	7,41
1850	1,946,629	8,29
1851	2,452,203	10,19
1852	2,468,544	22,00
1853	2,834,091	15,13

Moyenne :   2,249,301 fr.

Si on ajoute à cette somme la valeur de la paille qui, au taux moyen de 3 fr. 80 c. le quintal métrique, est de

1,935,353 fr.

Estimation des chaumes et bâles,   224,302

2,159,655 fr.

Plus grains,   2,249,301

On a en tout, comme réalisation en argent d'une récolte complète de seigle,

4,408,956 fr.

équivalant par hectare,

En grain.	En paille	Ensemble.
205 fr.	196 fr.	401 fr.

La quote-part individuelle offerte par ces sommes, est pour :

LE GRAIN.	LA PAILLE.	ENSEMBLE.
2 fr.	1 fr. 80	3 fr. 80

Quantité disponible. — Après avoir assuré les moyens de production des prochaines récoltes , la quantité moyenne du seigle récolté dans le département se trouve réduite à 197,389 hect., ayant un poids total de 141,721 quint. métriq.

Mais cette quantité a subi, durant la période indiquée ci-après, les variations suivantes :

	Quantité.		Poids total.	
1840	200,639	hect	142,855	quint. métriq.
1845	225,318		162,206	
1846	111,919		78,321	
1847	230,041		165,745	
1848	206,546		149,126	
1849	215,983		155,508	
1850	219,943		158,623	
1851	186,448		134,000	
1842	169,492		123,475	
1853	186,826		134,085	

Moyennes : 197,389 hect. 141,721 quint. métriq.

Les inégalités des ressources offertes par la culture du seigle sont encore plus saillantes que celles du froment ; ainsi, entre les deux années consécutives, 1846 et 1847, qui à la vérité, occupent les points extrêmes de l'échelle de la production, on reconnaît une différence de plus de moitié, qui s'atténue par une légère compensation dans le poids. Les termes n'en restent pas moins, le premier, 43 p. % en-dessous de la moyenne, et le second 17 p. % en-dessus.

Consommation. — La plus forte partie des seigles disponibles passe dans la fabrication des eaux-de-vie de grain ; une autre partie est consacrée à la nourriture des bestiaux et l'en-

semencement du mélange fourrager désigné sous le nom d'hivernage, il n'en est réservé qu'une proportion insignifiante qui est
estimée être égale à 54 décilitres par an et par individu, et qui
est consacrée à l'alimentation humaine. Nous reviendrons plus
tard sur le partage de cette récolte entre ces diverses destinations qui lui sont affectées ; nous enregistrerons seulement ici
que la quote-part individuelle de la production du seigle dans
les années ci-dessous indiquées, aurait été ainsi qu'il suit :

	Quantité.	Poids.
1840	19 litres.	14 kil.
1845	21	15
1846	10	7
1847	21	15
1848	20	14
1849	19	14
1850	19	14
1851	19	14
1852	16	12
1853	15	11
1854	14	10
	18 litres.	11 kil.

L'agriculture du Nord ne livre donc qu'une moyenne annuelle
de seigle très-inférieure à celle de la France, puisqu'elle équivaut
seulement

NORD.	FRANCE.
18 litres par individus.	66 litres.

Si les autres céréales alimentaires précédemment examinées
étaient jointes à celle-ci et n'étaient pas détournées de leur destination, elles procureraient dans leur ensemble une ration annuelle composée en moyenne de la manière suivante :

Froment,	217 lit., 4 décil.	
Macaux,	16	
Méteil,	4	
Epeautre,	10	2
Seigle,	18	
	265 lit., 6 décil.	

Cette ration, quoique très-considérable relativement à celle dévolue au reste de la famille française, laisse pourtant encore un déficit qui est rempli par d'autres cultures qui seront étudiées plus loin.

Valeur de la consommation. — La partie libre des récoltes de seigle consacrée aux divers emplois industriels, agricoles ou alimentaires, s'élève en moyenne à une valeur de

1,993,696 francs.

Cette valeur a subi des oscillations variables et qui sont indiquées pour la dernière période décennale, dans le tableau ci-après :

	Valeur.	Quote-part.
1840	1,735,527 fr.	1,70
1845	3,150,946	3,11
1846	1,728,029	1,52
1847	1,727,224	1,50
1848	1,348,744	1,21
1849	1,548,506	1,31
1850	1,790,499	1,37
1851	2,241,229	1,00
1852	3,101,856	2,47
1853	1,562,414	1,31
Moyennes :	1,993,696	1,75

La quantité disponible de seigle récolté sur le domaine agricole de la France, vaut 236,820,632 fr. ou 119 fois plus que celle recueillie dans le département du Nord. Aussi, la quote-part y suit-elle une énorme disproportion, puisqu'elle est :

NORD.	FRANCE.
1,75.	12,77.

§ V. Orge.

L'orge est la première céréale qui ait servi à la nourriture de l'homme : ce n'est qu'en s'avançant dans la civilisation et en perfectionnant l'agriculture, que les peuples anciens et modernes lui ont substitué le froment pour cette destination ; nos pères, les Celtes, comme leurs voisins, les Germains, en faisaient du pain, du gruau, et l'employaient à la préparation de la bière. L'histoire nous la montre employée aux mêmes usages dès les temps les plus reculés, sur les bords du Nil. Sa rusticité en permet la culture à toutes les latitudes et même sous les climats les plus rigoureux ; sa fécondité et sa rapide maturité, la rendent surtout très-précieuse aux populations du Nord, assez maltraitées de la nature, pour devoir renoncer à produire du froment.

Trois espèces d'orge sont admises dans les assolements :

1.º L'ORGE COMMUNE, carrée ou à quatre rangs (*hordeum vulgare* des botanistes), n'est pas, ou n'est que peu cultivée dans le département du Nord ;

2.º L'ORGE A SIX RANGS OU HEXASTIQUE, dite encore SCOURGEON, ESCOURGEON OU SOUCRION (*hordeum hexasticon* de Linné), est au contraire la plus répandue et la plus usitée ; il en est fait une prodigieuse consommation pour la fabrication de la bière.

3.º L'ORGE DISTIQUE, A DEUX RANGS, ou encore, PAMELLE (*hordeum distichon. L.*), n'occupe qu'une très-faible étendue du domaine agricole départemental.

L'affection qui sévit le plus communément sur l'orge, est le CHARBON : on a proposé de le combattre par les mêmes moyens que ceux employés contre la carie du blé ; mais leur efficacité est ici beaucoup plus contestable, et comme, d'ailleurs, les dommages occasionnés par le charbon sont moindres que ceux provenant de la *carie*, les cultivateurs négligent à peu près complétement le *chaulage* et le *sulfatage* pour l'ensemencement de l'orge. La plupart des insectes qui occasionnent des dommages au froment attaquent aussi cette graminée.

L'orge, quoique principalement cultivée pour le grain, est aussi semée pour fourrage vert précoce, auquel succède, la même année, une récolte de pommes de terres ou de betteraves.

Etendue. — La surface affectée à la culture de l'orge, est proportionnellement assez faible dans le département; elle équivaut en moyenne, à

13,780 hectares.

C'est la 17.ᵉ partie des céréales, et la 25.ᵉ de toutes les cultures: l'ensemble de l'agriculture française, porte cette proportion plus élevée, puisqu'elle consacre à l'orge le 13ᵉ de la surface des céréales, et le 19.ᵉ de celle de toutes cultures réunies.

On trouvera dans les chiffres suivants, l'échelle des variations éprouvées par cette culture depuis dix ans.

	hectares
1840 —	13,375
1845 —	14,808
1846 —	12,769
1847 —	14,069
1848 —	13,752
1849 —	13,620
1850 —	13,525
1851 —	13,623
1852 —	14,098
1853 —	13,926
1854 —	14,009
Moyenne.	13,780

Les arrondissements se partagent très-inégalement cette culture, ainsi que le démontrent les moyennes des relevés des dix dernières années reprises ci-dessous.

	Surface en orge.	Proportion de l'orge aux cultures.	Répartition par habitant.
Lille	549	0,8 p. %	15 centiares
Dunkerque ...	1,902	4,5	180
Hazebrouck...	196	0,5	19
Avesnes	2,344	3,9	161
Cambrai	5,429	8,1	312
Douai	1,087	3,1	107
Valenciennes .	2,273	5,3	143
	13,780	4	119

On voit que les deux arrondissements proportionnellement les plus productifs en froment, ceux de Lille et d'Hazebrouck, sont ceux qui cultivent le moins d'orge. L'arrondissement de Cambrai y consacre à lui seul plus des 5/12e de l'étendue que cette culture occupe dans le département.

Ensemencement. La production exige annuellement, à raison de 195 litres par hectare, une dépense en semence égale en moyenne à

26,962 hectolitres.

Valeur au prix de la statistique, 8 fr. 35 centimes,

241,310 fr.

Le tableau suivant indique combien peu ce chiffre a changé dans une période de dix ans; il signale en même temps la multiplication de la semence pour chaque récolte en particulier.

		Multiplication de la semence.
1840	27,081 hectolitres	15,87
1845	28,876	15,18
1846	24,900	16,41
1847	27,435	18,56
1848	26,816	18,07
1849	26,559	18,67
1850	26,374	18,51

1851	26,582	18,79
1852	27,491	17,89
1853	27,156	18,91
1854	27,318	19,93
Moyennes. . . .	26,962	17,97

L'estimation de la valeur des semailles, d'après le taux moyen de 9 fr. 55 c. par hectare, s'élève à

257,487 francs.

Production. — La quantité totale de grain obtenue de cette culture, est d'environ la 33ᵉ partie de la production de la France, elle est en moyenne dans notre département, de

487,971 hectolitres, du poids de 312,301 quint. métr.

En consultant les années successives reprises ci-dessous, on trouve qu'elle a offert, sous le rapport du volume et du poids, les dissemblances suivantes :

	Quantité.	Poids de l'hectolitre.
		kil.
1840	424,630	65,55
1845	449,483	61,98
1846	419,297	65,27
1847	522,333	66,48
1848	496,825	61,87
1849	508,578	61,68
1850	500,920	62,50
1851	502,066	63,98
1852	494,393	66,35
1853	516,230	64,80
1854	532,925	63,79
Moyennes :	487,971	64,00

D'un autre côté, le produit en paille équivaut, année commune, à

415,875 quint. métriq.

De telle sorte qu'en totalisant toute la production départementale de cette céréale, on a

Grain. . . . . 312,301 quint. métriq.
Paille. 415,875
Estimation des chaumes et bâles, 62,380

Ensemble :   790,556   quint. métriq.

Production par hectare. — Sur ces données, une récolte commune d'orge, équivaut, par hectare, savoir :

En grain, 35 hectolitres 41, du poids de 2,266 kil.
En paille. 3,018
Chaumes et bâles 1,201

Formant un poids total de   6,485 kil.

La production par arrondissement est représentée dans le tableau suivant, quant au total du grain obtenu et à la proportion du rendement par hectare.

	Produit total.	Production par hectare.
Lille,	19,825 hect.	36,11 hectol.
Dunkerque,	66,950	35,20
Hazebrouck,	7,011	34,77
Avesnes,	78,297	33,83
Cambrai,	194,901	35,90
Douai,	39,045	35,92
Valenciennes,	81,942	36,05
	487,971	35,41

Subdivisés par le nombre des habitants, les produits de la culture de l'orge fournissent à chacun

Grain, 42 litres, ou en poids, 27 kil.
Paille 36

Total de la quote-part . . . 63 kil.

Valeur de la production. — Elle a atteint des chiffres plus ou moins élevés, bien plus en raison de la diversité des prix des grains, que de l'inégalité de leurs récoltes, ainsi qu'on pourra le constater dans le résumé ci-après, qui donne comme moyenne :

4,661,694 fr.

ou la 30.ᵉ partie de l'estimation de la récolte commune à toute la France.

		Prix de l'hectolitre.
1840	3,800,438 fr.	8,95
1845	4,935,323	10,98
1846	5,337,651	12,73
1847	4,904,707	9,39
1848	4,158,425	8,37
1849	4,266,969	8,39
1850	4,363,013	8,71
1851	4,372,995	8,71
1852	4,721,453	9,55
1853	5,755,964	11,15
	4,661,694 fr.	9,55

La paille, au taux de 3 fr. 75 le quintal, atteint le chiffre de

1,559,531

L'estimation des chaumes et des bâles, 233,929

1,793,460

Et l'ensemble des produits de la culture de l'orge arrive ainsi à la somme de

6,455,154 fr.

La valeur de la culture de cette céréale est, par hectare, savoir :

Grain.	Paille.	Total.
338 fr.	130 fr.	468 fr.

Enfin, la quote-part offerte de chaque habitant résultant des sommes précitées, est pour

Le grain.	La paille.	Ensemble.
4 fr. 05 c.	1 fr. 55 c.	5 fr. 60 c.

Quantité disponible. — Les récoltes d'orge, libérées des semailles, ont fourni une moyenne décennale de

461,007 hectolitres du poids de 295,044 quint. métriq.

Mais, durant cette période, elles ont offert les oscillations indiquées dans le relevé ci-dessous.

		Poids total.
1840	397,549 hect.	260,593 quint. mét.
1845	420,607	260,692
1846	394,397	257,423
1847	494,890	329,003
1848	470,009	290,795
1849	482,019 —	297,309
1850	474,546	296,591
1851	475,484	304,215
1852	466,902	309,790
1853	489,074	316,920
1854	505,607	322,526
Moyennes :	461,007	295,044

Il y a moins d'irrégularité dans la production annuelle de l'orge que dans celle du froment. Entre les récoltes abondantes et celles les moins bien réussies, il n'y a qu'environ 10 p. % au-dessus ou en-dessous de la moyenne. Celle-ci donne une quote-part de

40 litres ou de 26 kil. par individu.

Consommation. — L'orge n'entre pas dans l'alimentation des populations du département du Nord. Ses récoltes sont consacrées en grande partie aux usages industriels dont il sera question plus loin ; une fraction seulement sert à la nourriture des bestiaux ; mais la consommation est, dans cette partie du territoire français, constamment inférieure à la production et nécessite chaque année une importation variable dont nous aurons occasion d'apprécier incessamment l'importance.

Valeur. — La valeur des quantités d'orge disponibles recueillies sur le territoire agricole départemental et livrées annuellement aux industries consommatrices, atteint le chiffre moyen de

4,400,396 fr.

Mais ce chiffre est plus ou moins élevé suivant la variation des prix, ainsi qu'on peut s'en assurer pour ce qui concerne les années reprises ci-dessous :

	Valeur.	Quote-part.
1840	3,553,044	3,43
1845	4,618,265	4,31
1846	5,020,674	4,64
1847	4,647,017	4,26
1848	3,933,975	3,57
1849	4,044,139	3,64
1850	4,133,296	3,69
1851	4,141,466	3,67
1852	4,458,914	3,91
1853	5,453,175	4,74
Moyennes :	4,400,396	3,99

Le partage entre tous les habitants, de la valeur de l'orge disponible accorderait à chacun

4 francs.

§ VI. Avoine.

Cette graminée, indigène du nord de l'Europe, était cultivée par les Gaulois, les Scandinaves et les peuples de la Germanie qui en préparaient leur met par excellence, sous forme de bouillie ou de gâteau. Les Romains la reçurent de nos aïeux, et en limitèrent l'usage, comme de nos jours chez la plupart des nations, à la nourriture des animaux, et particulièrement à celle du cheval.

Une seule espèce appartient au système cultural de la Flandre, c'est *l'avoine commune (avena sativa)*, dont il existe deux principales variétés, une *noire*, plus difficile sur la qualité du sol, moins productive en paille et plus exposée à verser; l'autre *blanche* est généralement préférée, en raison de sa rusticité et de sa fécondité.

L'avoine est exposée au *charbon* et à la *rouille*: ces deux maladies paraissent être favorisées dans leur développement par les temps brumeux et la constitution humide des mois printanniers; les dommages qu'elles font supporter aux récoltes ne sont jamais très-considérables, aussi ne sont-elles l'objet d'aucun soin préventif.

Etendue. — Par l'espace qu'elle occupe, l'avoine arrive au second rang des céréales, et suit immédiatement le froment. La proportion du territoire qui lui est réservée est, pour le Nord, seulement, d'un 8me des cultures; tandis que pour la France entière, elle s'élève à un 7me; nous verrons plus loin qu'il y a là une preuve nouvelle de la perfection du système agricole flamand, qui, en restreignant la surface consacrée à cette graminée, a su en accroître considérablement les produits.

Le département livre à cette céréale, une moyenne annuelle de

42,432 hectares.

Ce chiffre a oscillé de la manière suivante dans le cours des dix dernières années.

1840	—	42,200 hectares.
1845	—	45,523
1846	—	45,003
1847	—	44,727
1848	—	43,780
1849	—	42,715
1850	—	42,419
1851	—	42,971
1852	—	40,971
1853	—	37,442
1854	—	38,971

42,432 hectares.

Il y a plus de fixité dans la surface destinée à la culture de l'avoine que, relativement, à celles affectées aux autres céréales; ses oscillations s'étendent rarement au-delà d'un 20e au-dessus ou au-dessous de la moyenne.

Considérée relativement à chaque arrondissement, l'étendue de cette culture offre des proportions moins inégales que celles qui concernent les cultures congénères, ainsi que le constate le tableau suivant, dans lequel on verra que les plus grandes différences ne dépassent pas le rapport de 2.5.

	Etendues.	Proportion de l'avoine aux autres cultures.	Répartition par habitant.
Lille,	6,154 hect.	10	159 centiares.
Dunkerque,	5,334	12	506
Hazebrouck,	2,486	7	237
Avesnes,	9,951	17 1/6	686
Douai,	7,881	12 1/8	453
Cambrai,	5,385	14 1/7	532
Valenciennes,	5,241	12 1/8	331
	42,432	12 p. 0/0	367

En général, on peut considérer comme possédant des assolements d'autant plus parfaits, les arrondissements qui admettent le moins fréquemment le retour de l'avoine sur les mêmes champs, et sous ce rapport ceux d'Hazebrouck et de Lille font contraste avec l'arrondissement d'Avesnes.

Ensemencement. — L'avance faite par l'agriculture du Nord, pour assurer les récoltes de la principale graminée fourragère, s'élève, année commune, sur la quotité de 2 hect. 40 par hectare, à

102,598 hectolitres ; valeur, 680,225.

Cette dépense a cependant offert les différences légères reprises ci-dessous :

			Multiplication de la semence.
1840	—	109,720	15,36
1845	—	109,255	18,00
1846	—	108,007	14,86
1847	—	107,355	17,96
1848	—	105,072	14,48
1849	—	102,516	18,29
1850	—	101,806	17,47
1851	—	103,130	16,75
1852	—	98,330	18,07
1853	—	89,861	20,33
1854	—	93,530	19,81
		102,598	17,51

Si une multitude d'autres témoignages ne l'avaient déjà surabondamment démontré, la puissance de reproduction acquise par les ensemencement d'avoine, dans le département du Nord, qui multiplient près de dix-huit fois, en deviendraient une preuve péremptoire, puisque, comparés aux ensemencements du reste de la France, ceux-ci ne multiplient que sept fois, ou soixante-douze pour cent moins.

Production. — La plus féconde des céréales donne, comme on vient de le voir, soumise aux pratiques de l'agriculture flamande, des produits très-considérables, et qui annuellement en moyenne arrivent à

1,775,951 hectolitres,

Le tableau suivant indique l'importance des récoltes pour les années qui y sont relatées :

	Quantité.	Poids de l'hect.
1840 —	1,685,000 hect.	45,10
1845 —	1,966,921	43,93
1846 —	1,595,260	43,97
1847 —	1,928,764	43,68
1848 —	1,521,604	44,24
1849 —	1,875,826	43,75
1850 —	1,778,701	42,94
1851 —	1,727,004	43,83
1852 —	1,776,713	44,28
1853 —	1,827,297	43,99
1854 —	1,852,671	44,27
Moyennes :	1,775,951 hect.	43,99 kil.

Le produit de l'agriculture française en avoine, étant de 48,899,308 hect., le Nord en fournit à lui seul la 10e partie. L'Aisne et Seine-et-Marne sont à peu près sur la même ligne ; mais le Pas-de-Calais l'emporte sensiblement avec ses deux millions d'hectolitres.

Paille. — Le complément de la récolte d'avoine en paille, donne, année moyenne, un produit qui s'élève à

1,456,332 quintaux métriques,

en y ajoutant les chaumes, qui équivalent à 1/10, et les bâles à 1/20, on arrive au chiffre total de

1,667,884 quintaux métriques.

Ensemble des produits. — Si on réunit ce dernier chiffre à celui des poids de la récolte en grain, la somme représentant la culture de l'avoine atteint près de deux millions et demi de quintaux.

Grain,	781,244	quintaux métriques.
Paille, chaumes et bâles,	1,667,884	id.
Total. . .	2,449,122	id.

Voici quelle part chaque arrondissement prend à ce genre de production :

	Produit total	Production par hectare
Lille,	288,638	46,91
Dunkerque,	142,819	36,27
Hazebrouck,	143,129	37,47
Avesnes,	355,174	35,65
Douai,	351,530	44,61
Cambrai,	251,210	46,65
Valenciennes,	243,451	46,45
	1,775,954	42,04

On peut remarquer, en comparant les arrondissements entr'eux, relativement à la production du froment et à celle de l'avoine, une certaine interversion de priorité ; ainsi, la circonscription de Lille, la première pour le blé, n'est plus qu'au troisième rang pour l'avoine, et celle d'Avesnes, la troisième ou quatrième pour le froment, devient la première pour ce qui concerne l'avoine.

Production par hectare. — La fécondité de l'agriculture flamande éclate encore ici par ses magnifiques résultats. Tandis que la France n'obtient que 17 hectolitres 36 litres par hectare, le département du Nord accorde environ deux fois et demi autant, c'est-à-dire,

42 hectolitres 4 litres.

Ce rendement est d'ailleurs comme ceux examinés précédemment, assez variable, il a atteint dans le cours des années ci-dessous, les chiffres suivants :

	hect.	lit.
1840	39,	93
1845	43,	21
1846	35,	67
1847	43,	12
1848	34,	75
1849	43,	91
1850	41,	93
1851	40,	19
1852	43,	36
1853	48,	80
1854	47,	54

Moyenne : 42 h. 04 lit.

Récapitulation des produits par hectare. — Outre le grain, la culture de l'avoine, donne en

Paille	3,018 kil.
Chaumes et bâles.	513
Le poids du grain étant. . .	1,849
Le total de l'hectare égale	5,380 kil.

Quote-part. — Elle serait comparativement :

Nord.	France.
1 hect. 54 lit.	1 hect. 39 lit.

En poids et réunie à la paille , on aurait pour le département
du Nord exclusivement :

Grain,   78 kil.
Paille,   126
         ————
Total :   204 kil.

Valeur de la production. — La mobilité du prix des
céréales a réagi sur la valeur des récoltes d'avoine, comme sur
celle des récoltes de froment et de ses congénères. La moyenne
décennale s'élève à

11,833,858 fr.

chiffre qui équivaut à la onziéme partie de la valeur de la production française en avoine : ce qui résulte du relevé suivant dans
lequel figurent les années :

	Valeur.	Prix de l'hectolitre.
1840	9,857,250	5,85
1845	15,696,029	7,98
1846	15,521,880	9,73
1847	12,324,802	6,39
1848	8,169,402	5,37
1849	10,110,702	5,39
1850	10,156,383	5,71
1851	9,851,193	5,71
1852	11,758,470	6,55
1853	14,892,471	8,15
Moyenne :	11,833,858	

Chaque arrondissement entre, sur cette valeur de près de
12 millions, dans les proportions ci-après :

Lille,	1,923,308 fr.
Dunkerque,	1,284,828
Hazebrouck,	620,555
Avesnes,	2,366,666
Cambrai,	2,342,382
Douai,	1,673,910
Valenciennes,	1,622,209
	11,833,858

Valeur de la paille. — Au taux de 3 fr. 02 cent. le quintal métrique, la récolte en paille d'avoine atteint le chiffre de

4,388,123 fr.

Et l'estimation des chaumes et bâles, 658,218

Ensemble : 5,046,341 fr.

Cette somme, ajoutée à la valeur du grain, donne un total de

16,880,199 fr.

Par hectare, la valeur de la culture de l'avoine, est de

Grain.	Paille.	Ensemble.
279 fr.	119 fr.	398 fr.

Divisée par habitant, la valeur de la production de l'avoine donne

Grain.	Paille.	Ensemble.
10 fr.	4 fr.	14 fr.

Quantité disponible. — Défalcation faite des semailles, le produit moyen de la culture départementale de l'avoine est de

1,673,353 hectolitres.

Mais de très-notables fluctuations affectent cette moyenne, ainsi que le constate le tableau suivant dans lequel se trouvent reprises les dix dernières récoltes :

		Poids total.
1840	1,575,280 hect.	710,451 quint. métriq.
1845	1,857,666	816,073
1846	1,487,253	653,945
1847	1,821,409	795,592
1848	1,416,233	626,542
1849	1,773,340	775,823
1850	1,676,895	720,059
1851	1,623,874	591,744
1852	1,678,383	743,188
1853	1,737,436	764,298
1854	1,759,141	778,772

Moyennes :   1,673,353 hect. 725,135 quint. métriq.

Comme pour l'orge, les écarts dans la production de l'avoine ne dépassent guère un dixième en-dessus ou en-dessous de la moyenne.

Répartie par habitant, cette culture donnerait une quote-part de

145 litres.

Valeur -- La partie disponible de la culture de l'avoine a une valeur variable, comme celle de toutes les céréales; elle est représentée dans le tableau suivant offrant la moyenne générale de

11,111,355 fr.

		Quote-part.
1840	9,015,388 fr.	8 fr. 62 c.
1845	14,824,175	14 25
1846	14,470,972	14 10
1847	11,638,804	10 05
1848	7,605,166	6 74
1849	9,558,141	8 45
1850	9,575,070	8 42
1851	9,272,321	8 13
1852	10,993,409	9 55
1853	14,160,103	12 26

Moyenne :   11,111,355 fr.

La quote-part de la valeur de l'avoine disponible approche comme on voit de

10 fr. par individu.

§ VII. Plantes féculentes annexes des Céréales.

Sous cette dénomination, nous rangeons ici toute une catégorie de végétaux appartenant à diverses familles naturelles et qui n'ont de caractère commun, que celui d'entrer dans le régime de l'homme et d'y remplir ou d'y suppléer partiellement les fonctions de céréales.

De ce nombre nous plaçons :

1° La pomme de terre,

2° Le sarrasin,

3° Les légumes secs.

Nous allons en traiter séparément.

1.° POMMES DE TERRE.

Etendue. — La *Solanée parmentière*, le plus utile présent du Nouveau-Monde, occupe en moyenne 14 mille hectares sur les 348 mille qu'embrasse le sol arable du département, c'est environ 4 p. °/₀ des cultures, ou 1 are et 20 centiares par habitant; c'est conséquemment l'une des cultures les plus répandues du pays après les céréales. Mais cette proportion n'est pas uniforme, et le tableau suivant fera connaître les grandes variations subies sous ce rapport dans la période comprise entre 1840 et 1854.

Années.	Nombre d'hect.
1840	— 12,780
1845	— 17,116
1846	— 14,952
1847	— 16,191
1848	— 15,191

$$1849 - 13,461$$
$$1850 - 14,577$$
$$1851 - 14,855$$
$$1852 - 12,259$$
$$1853 - 11,659$$
$$1854 - 11,658$$

Moyenne : 14,064

Ces chiffres accusent une décroissance notable dans la culture de cette plante providentielle, puisque la moyenne des cinq premières années, dépasse 15 mille hectares, tandis que celle des six dernières, n'atteint qu'à 13 mille. Deux causes ont amené ce résultat ; la première consiste dans une grave erreur économique du Gouvernement, qui en assujettissant la distillation de la pomme de terre à un rendement impossible, a tué cette utile industrie agricole ; la seconde réside dans cette affection encore si mystérieuse, malgré les travaux d'une multitude d'expérimentateurs et de savants et que ses désastres ont fait connaître partout sous le nom de *la maladie des pommes de terre.*

Il y a une inégalité marquée dans la proportion des terres livrées annuellement à la production du tubercule si justement nommé le *pain du pauvre* : Voici comment sa culture est répartie :

	Surface en pommes de terre.	Proportion aux autres cultures	Répartition par habitant
Lille,	3,418	5,4 p. %	0,92 centiares
Dunkerque,	1,781	4,2	1,68
Hazebrouck,	2,198	5,8	2,10
Avesnes,	1,616	2,7	1,11
Cambrai,	1,808	2,7	1,04
Douai,	1,424	4,3	1,41
Valenciennes,	1,819	4,2	1,15
Total :	14,064	4,3 p. %	1,22

On voit encore ici que les deux arrondissements à la tête de tous les autres pour la production du blé, ceux de Lille et d'Hazebrouck sont aussi ceux les plus adonnés à la culture de la pomme de terre.

Ensemencement. — Il n'y a pour cette plante, comme pour les précédentes, aucune fixité dans la quantité de semence destinée à assurer la récolte qui doit suivre. Dans les onze années sur lesquelles reposent nos investigations, elle a oscillé de 10 à 16 hect. 89, et la moyenne déduite du calcul équivaut à 11 hect. 63 par hectare.

Voici d'après les chiffres officiels, les quantités de tubercules employés à l'ensemencement dans la période ci-après :

		Multiplication de la semence.
1840	187,994 hect.	11,50 p. 1.
1845	171,160	13,50
1846	149,520	13,13
1847	161,910.	13,76
1848	151,910	11,34
1849	134,610	15,41
1850	145,770	7,29
1851	148,550	11,95
1852	122,259	8,90
1853	188,974	7,13
1854	196,904	6,01
Moyenne :	159,978	10,44

Bien que la totalité de ces nombres ne soit pas d'une bien rigoureuse exactitude, il n'en ressort pas moins que depuis l'apparition de la maladie, on s'est cru obligé à une dépense plus considérable d'ensemencement (près de 17 hectolitres par hectare en 1854), et que nonobstant ce sacrifice, la fécondité de la pomme de terre a été en s'affaiblissant.

Quoiqu'il en soit les 159,978 hectolitres destinés aux semailles,

au prix très-minime de la statistique (2 fr. 75 c.) s'élèvent à
la somme de

439,940 fr.

qu'on peut sans crainte d'erreur rectifier en la portant approximativement à plus d'un demi million.

Le plus ou le moins de fécondité des tubercules ensemencés
est dominé par les circonstances favorables ou défavorables à
sa végétation. Dans les meilleures des dix dernières années, ils
ont multiplié jusqu'à près de 16 fois ; tandis que dans les années les moins productives, la multiplication est descendue à 6.
En moyenne, cette multiplication équivaut à

10,44

Mais il ne faut pas oublier qu'il s'agit ici d'une période tout-à-
fait anormale.

Considérée dans chaque arrondissement , cette moyenne de
multiplication de la semence se trouve modifiée ainsi qu'il suit :

Arrondissements.	Semence multipliée.
Lille,	12,05 fois.
Dunkerque,	15,20
Hazebrouck,	10,67
Avesnes,	11,68
Cambrai,	12,16
Douai,	8,45
Valenciennes,	9,96

Les terres sableuses de l'arrondissement de Dunkerque
exigent, ainsi que l'indique le chiffre de 15,20 pour 1, un ensemencement moindre ; elles donnent des produits de qualité
supérieure, en sorte que cette circonscription échappe pour
cette fois à l'infériorité qui l'atteint, comme nous l'avons déjà
fait remarquer, dans les autres cultures.

Production. — Sous l'influence de la désastreuse maladie qui affecte depuis une dixaine d'années les pommes de terre, ses produits ont éprouvé une décroissance marquée, comme le témoigne le relevé des récoltes suivantes :

Années.	Produit total.
1840	2,164,143 hect.
1845	2,311,522
1846	1,963,766
1847	2,229,137
1848	1,723,002
1849	2,075,074
1850	1,063,801
1851	1,776,915
1852	1,091,225
1853	1,256,998
1854	1,135,025

Moyenne : 1,708,237 hectolitres.

Donnant à raison de 78 kil. l'hectolitre, un poids total de 1,322,325 quint. mét.

On sait que la cause de cette atténuation de produits a été générale et que dans certaines contrées, telles que l'Irlande, la Flandre-Occidentale belge, elle a pris les proportions d'une véritable calamité. Le département du Nord a moins souffert, mais il a vu dépérir ou tomber en ruine d'intéressants établissements agricoles destinés à la fabrication de la fécule et du glucose extraits de la pomme de terre.

Nous ne mentionnerons que pour mémoire, le produit en fanes de cette culture, qui n'est pas employé comme fourrage et qui, enfoui dans le sol, ou mélangé à la litière, n'est qu'un engrais fort peu efficace.

Les sept arrondissements se partagent la production moyenne relatée ci-dessus de la manière suivante :

Arrondissements.	Produit total Hect.
Lille,	527,367
Dunkerque,	231,340
Hazebrouck,	239,006
Avesnes,	191,501
Cambrai,	140,298
Douai,	155,238
Valenciennes,	224,487

Moyenne : 1,708,237.

Le rendement par hectare est variable suivant les années et suivant les localités.

Le tableau ci-dessous indique la diversité du rapport dans le cours des années.

Années.	Hect.
1840 —	169,20
1845 —	135,05
1846 —	131,33
1847 —	137,6″
1848 —	113,42
1849 —	154,15
1850 —	72,98
1851 —	119,55
1852 —	89,01
1853 —	108,20
1854 —	90,29

Moyenne : 121,46

Ces chiffres démontrent qu'entre les bonnes récoltes et les mauvaises, il y a l'énorme disproportion de 56 p. %. Ce qui explique suffisamment les graves perturbations qui ont affligé les populations qui font de la pomme de terre leur principal aliment.

Dans la dernière période décennale, les arrondissements ont fourni par hectare, savoir :

Arrondissements	Hect.
Lille,	159,29
Dunkerque,	129,89
Hazebrouck,	108,74
Avesnes,	119,74
Cambrai,	77,59
Douai,	109,01
Valenciennes,	120,66
Moyenne :	121,46

L'arrondissement de Lille rapporte le double de celui de Cambrai, c'est une différence considérable pour des terres situées dans le même département et à une faible distance.

Les chiffres précédents ne résument pas, d'ailleurs, les résultats de la fécondité normale de l'exellente solanée dont il s'agit ; ils ont été atténués par la désastreuse maladie qui semble s'attaquer avec une désolante persévérance au *pain des pauvres*. D'après Schwerz, le rendement moyen, serait en Angleterre, de 289 hectolitres par hectare ; Arthur Young, le portait à 354, et Royer estime, qu'un bon système de culture doit lui faire rapporter en France, plus de 300 hectolitres.

Valeur de la production. — Appelée à suppléer partiellement au moins, aux céréales, dans le régime des populations, la pomme de terre subit toutes les oscillations que celles-ci éprouvent dans leur prix ; on en acquerra la preuve dans le tableau suivant, indiquant comme moyenne de la récolte de la parmentière dans le département du Nord, la somme de

7,501,831 fr.

	Valeur.	Prix de l'hectolitre.	
1840	5,914,431 fr.	2 f. 75 c.	
1845	15,048,008	6	51	
1846	10,997,093	5	60	
1847	7,668,231	3	44	
1848	6,960,928	4	04	
1849	7,657,023	3	69	
1850	4,723,276	4	44	
1851	9,328,804	5	25	
1852	6,416,391	5	82	
1853	7,805,958	6	21	
Moyenne :	8,232,015 fr.		

Ces chiffres témoignent combien est étendue l'échelle de variation dans la valeur de ce genre de produit, puisque celle de la récolte de 1845, est plus que triple de celle de la récolte de 1850.

Valeur par hectare. — Estimée d'après les données si variables de la dernière période décennale, la moyenne par hectare du rendement en argent de la culture de la pomme de terre, s'élève à

533 francs.

Mais en comparant les cinq premières années inscrites sur le tableau précédent, avec celles les plus chatiées par la maladie, on est frappé de la diminution de la valeur des produits du précieux tubercule ; ainsi, la période de 1840 à 1848, sur laquelle le fléau s'était déjà fait sentir, mais faiblement, a pourtant donné une valeur moyenne de

625 fr. par hectare.

Mais en 1850, cette valeur a été réduite à 290.

11

Quantité disponible. — Prélèvement fait des tubercules destinés à l'ensemencement, il est resté pour la consommation sur la moyenne des dix dernières années, les quantités ci-après :

1840	1,976,149 hect.
1845	2,140,362
1846	1,814,246
1847	2,067,227
1848	1,571,092
1849	1,940,464
1850	918,031
1851	1,628,365
1852	968,960
1853	1,068,024
1854	938,121
Moyennes :	1,548,277

Consommation. — Cette quantité de

1,548,277 hectolitres

partagée entre les habitants du département donne

141 litres par individu.

Ration très-inférieure à celle produite antérieurement à la maladie de la pomme de terre, qui se trouvait alors égale à

211 litres.

Considérée dans chaque arrondissement, la quote-part est

Arrondissements	Par individu.
Lille,	140 litres.
Dunkerque,	201
Hazebrouck,	204
Avesnes,	101
Cambrai,	93
Douai,	133
Valenciennes,	132

Mais il faudrait bien se garder d'admettre que la totalité des tubercules de la parmentière passe en réalité dans l'alimentation humaine ; une forte proportion est destinée aux bestiaux et précédemment il en était livrées de grandes quantités aux féculeries, aux distilleries et aux fabriques de glucose, en sorte qu'il est peu probable que la consommation réelle par habitant puisse sensiblement dépasser 1 hectolitre dans notre populeux département.

Quoiqu'il en soit, la réduction, depuis 7 à 8 ans, d'environ le quart de la production de la pomme de terre , a certainement portée atteinte à la masse des éléments dont se compose la nourriture de l'homme et a dû forcer de recourir aux céréales pour y suppléer. Or, a supposer que le déficit ne soit estimé qu'à un équivalent de 10 litres de blé par individu, c'est un supplément de 110 mille hectolitres qui serait exigé pour compléter l'approvisionnement alimentaire , ou sous une autre forme c'est le produit de 5 mille hectares.

On ne saurait douter que, cette cause, jointe à de mauvaises récoltes en céréales, ne soit l'une des principales sources de la cherté des subsistances, qui occasionne ce malaise général dont on se plaint et qui menace devoir se prolonger encore longtemps.

Valeur de la consommation — Elle s'élève en moyenne à la somme de

7,504,351 francs.

Sa grande variabilité est constatée dans le tableau ci-après qui révèle la hauteur qu'elle a atteinte chaque année, durant une période de dix ans.

1840	5,434,410
1845	13,933,757
1846	10,159,778
1847	7,111,261
1848	6,347,212
1849	7,160,312

1850	4,076,058
1851	8,548,916
1852	5.639,382
1853	6,632,429

Moyenne :   7,504,351 fr.

Cette valeur, subdivisée par le nombre d'habitants, donne pour chacun

6 fr. 50 c.

2° SARRASIN.

Cette plante féculifère non panifiable, introduite il y a trois siècles dans le midi de l'Europe, à la suite de la conquête des Maures, n'occupe qu'un rang très-minime dans le régime des habitants du département du Nord, qui ne l'emploient qu'à la préparation de sortes de crêpes qu'ils désignent sous le nom de *coukebaque*. Il en existe deux espèces, l'une le sarrasin vulgaire, appelé encore *blé noir* ou *bouquette*, c'est le *polygonum fagopyrum* des *botanistes*. L'autre importé d'Orient sur la fin du siècle dernier, est le *sarrasin de Tartarie*, *poligonum tartaricum*, qui n'est guère employé que pour récoltes enfouies en destination de fumure.

Durant la période écoulée entre 1840 et 1855, l'ancienne Flandre a consacré en moyenne à la culture du sarrasin vulgaire

147 hectares.

La quantité de semence employée a été d'environ 147 hectolitres (90 litres par hectare) ayant une valeur de

1,066 francs,

elle a multiplié 20 pour 1, et a donné un produit total en grain de

2,610 hectolitres, valeur 23,098 fr.

du poids de 1618 quintaux métriques (62 kil. à l'hectolitre) ; et en fanes, de 819 quintaux métriques ; valeur, 6,727 fr.

Le rendement par hectare a été de

20 hectolitres 86 litres.

ou un poids de

Grain.	Fane.
1,293 litres.	2,500 kilog.

Cette culture est bien peu lucrative puisqu'elle ne rend à l'hectare au prix moyen de 8 fr. 85 c. l'hectolitre que 157 fr. pour le grain et 57 fr. 50 pour les fanes,

en tout 187 francs.

Tous ces chiffres précédents sont le résumé des données relevées dans le tableau suivant, indiquant pour chacune des années qui y sont reprises l'étendue, les produits et la valeur de la culture du sarrasin.

	Étendue. hect.	Production. hectol.	Prix à l'hectol.	Valeur totale fr.
1840	142	2,627	7,50	19,750
1845	96	1,259	8,30	10,350
1846	132	2,472	9,40	23,237
1847	121	2.609	10,50	27,394
1848	263	4,955	6,75	33,446
1849	104	1,925	6,80	13,090
1850	79	1,338	6,70	8,965
1851	149	2,688	6,75	18,446
1852	89	1,708	7,75	13,237
1853	66	1,077	9.80	10,555
1854	345	6,050	12,50	75,625
Moyenne. .	147	2,610		23,099

Trois arrondissements se partagent très-inégalement cette très-minime culture alimentaire. Ce sont les suivants :

	Étendue.	Production.	Valeur.
Dunkerque..	39 hect.	693 hect.	6,133 fr.
Douai. . . .	8	142	1,257
Valenciennes	100	1,775	15,709
	147	2,610	23,099

Dans les derniers temps, l'arrondissement de Lille s'est associé à ceux précités pour y consacrer quelques hectares.

L'usage du sarrasin est, comme on le voit, excessivement limité dans le département du Nord, où il ne sert que de superfluité culinaire : on le sème aussi parfois, mais rarement, pour récolte fourragère verte.

Le partage entre tous les habitants ne donne que :

2 décilitres, valeur 2 centimes.

2° LÉGUMES SECS.

Sous cette dénomination, les documents statistiques désignent les fruits comestibles susceptibles de dessiccation et de conservation, obtenus d'un groupe de plantes très-naturel appartenant à la famille des légumineuses. Ce groupe embrasse :

1.° LA FÈVE, originaire de la Haute-Afrique, d'où elle fut apportée par les colonies Éthiopiennes, chez les vieux Égyptiens; elle s'est ensuite répandue, par la Grèce, dans le reste de l'Europe.

L'agriculture flamande ne fait usage que de deux espèces, celle *dite* GOURGANE (*faba equina*), ou encore FÈVEROLLE, FÈVE DES CHAMPS, FÈVE DE CHEVAL.

Une autre espèce, la FÈVE DES MARAIS (*faba vulgaris*), fort riche en variétées fixes et distinctes, comme toutes les plantes très-anciennement cultivées, donne la grosse fève *dite* GRISE BLANCHE ; cultivée dans les environs de Dunkerque.

2.° LE HARICOT, indigène des régions intertropicales ; est entré depuis un temps immémorial dans les cultures de toutes les parties du globe. Cette légumineuse offre un grand nombre d'espèces et une multitude de variétés, dont une seule, le HARICOT NAIN (*phaseolus nanus*), connu dans le pays sous la dénomination de NAINESSE, est admise dans la grande culture du Nord. Les autres sont exclusivement du ressort de l'horticulture.

3.° LE POIS, genre de plantes croissant spontanément dans les contrées méditerrannéennes et dont la culture remonte également aux temps les plus reculés. Les assolements de l'ancienne Flandre, n'empruntent à cette catégorie que le POIS NAIN à fleurs blanches, variété du POIS CULTIVÉ (*pisum sativum*), et sur quelques points seulement, le POIS GRIS (*pisum arvense*), pois de Brabant, espèce distincte consacrée exclusivement à la nourriture des animaux.

4.° LA VESCE COMMUNE (*viscia sativa*), est aussi admise sur une faible étendue du domaine agricole du département; mais elle n'est destinée que pour la nourriture des animaux, et surtout pour l'ensemencement du mélange fourrager dit hivernage.

5.° Enfin, quelques parcelles sont abandonnées au LENTILLON (*ervum lens tetraspermum*), employé au même usage.

Divers ennemis nuisent à ces cultures; ce sont d'une part des insectes tels que les *Pucerons*, la *Phalena exsoleta*, le *Bruchus pisi*, et d'autre part des parasites cryptogames du genre Erysiphe et autres.

Etendue. — Dans son ensemble, la production des légumes secs occupe.

19,172 hectares

ou la 18.° partie des cultures du département: La France ne leur donne que·

276,925 hectares,

c'est-à-dire seulement quatorze fois plus que le Nord.

Considérée dans les cours des années reprises ci-dessous, la surface en culture de ce genre a été ainsi qu'il suit:

1840	15,192 hectares.
1845	15,081
1846	14,983
1847	21,452

1848	21,546 hect,
1849	20,572
1850	21,530
1851	21,216
1852	26,927
1853	16,927
1854	15,475
Moyenne :	19,172

Décomposé par nature de produits obtenus, le chiffre de 19,172 hectares de la culture en légumes secs, fournit :

FÈVES.	HARICOTS.	POIS.
4,552 h. — 24 %.	11,431 h. — 60 %.	3,189 h. — 16 %.

Total égal, 19,172.

Ce genre de production se trouve surtout concentré dans les deux arrondissements de Dunkerque et d'Hazebrouck, qui présentent les deux tiers de la surface qui lui est consacrée sur le territoire départemental : c'est ce qu'on peut constater dans le tableau suivant de répartition par arrondissement

	Fèves.	Haricots.	Pois.	Ensemble.	
Lille,	902	564	789	2,255	12 %.
Dunkerque,	1,305	4,568	652	6,625	34
Hazebrouck,	711	4,742	474	5,927	31
Avesnes,	566	612	352	1,530	8
Cambrai,	792	528	441	1,761	9
Douai,	148	208	237	593	3
Valenciennes,	128	209	244	581	3
Totaux :	4,552	11,431	3,189	19,172	100

On a remarqué en outre, que la grande inégalité qui existe entre les circonscriptions sous-préfectorales relativement à l'étendue de la culture des légumes secs, repose surtout dans l'extension accordée aux haricots dans les arrondissements de Dunkerque et d'Hazebrouck, qui leur livrent la 8.ᵉ ou la 9.ᵉ partie de leurs terres arables.

Divisé par le nombre d'habitants la surface en légumes secs donne

Nord.	France.
1 are 66 centiares.	79 centiares.

Mais cette proportion s'élève à un chiffre tout à fait exceptionnel dans le nord-ouest du département où elle est:

Arrondissement de Dunkerque.	Arrondissement d'Hazebrouck.
4 ares 33 centiares.	4 ares 54 centiares.

Ensemencement. — Il se pratique tantôt avec un semoir spécial très-simple et très-ingénieux, d'autres fois en déposant les graines à la main par lignes ou par touffes, enfin, parfois encore en les projetant à la volée. La quantité de semences nécessaires suivant ces procédés de semailles est variable; ainsi, pour les fèves, elle est de 210 à 390 litres par hectare; pour les haricots, de 240 à 280, et pour les pois de 230 à 275. D'après les indications des dix dernières années, on peut adopter les moyennes suivantes :

FÈVES.	HARICOTS.	POIS.
280 litres.	260 litres.	255 litres.

donnant pour l'ensemble des trois cultures, une moyenne de

264 litres.

Suivant ces bases, les quantités totales des graines absorbées par l'ensemencement seraient annuellement ainsi qu'il suit :

FÈVES.	HARICOTS.	POIS.	ENSEMBLE.
12,746 hect.	29,721 hect.	8,132 hect.	50,599 hect.

La valeur de ces semailles, d'après les prix ruraux exposés plus loin, serait de

FÈVES.	HARICOTS.	POIS.	ENSEMBLE.
149,128 fr.	481,777 fr.	138,407 fr.	769,312 fr.

La *multiplication* de la semence est en moyenne de

8 pour 1.

Dans les meilleures années, comme 1853, elle a donné

10,91 pour 1.

Mais par contre, dans les années défavorables, la multiplication s'est affaiblie et a été réduite à

5,65 pour 1.

Il existe un peu de différence entre la fécondité des trois plantes confondues dans cet article ; celle qui rend plus est la fève ; la culture du pois est la plus chanceuse, elle est aussi celle qui accorde moins de bénéfice au cultivateur.

Production. — Elle est, après les céréales, l'une des plus importantes du pays, et s'élève en moyenne à

405,879 hectolitres.

Suivant le chiffre correspondant repris dans la statistique (3,460,877 hect.), cette quantité représente un peu moins que la 8.e partie de la production française. Le Pas-de-Calais est cependant encore supérieur au Nord, relativement à cette récolte puisqu'il arrive à 527,911 hect.

Le relevé des dix dernières années a fourni les termes suivants :

		Poids de l'hectolitre.
1840	334,648 hect.	76,78
1845	309,005	79,75
1846	256,582	75,95
1847	319,926	77,10
1848	468,289	76,80
1849	492,447	75,55
1850	443,349	76,78
1851	468,449	76,82
1852	583,893	76,80
1853	446,610	75,70
1854	344,518	77,13
Moyenne :	405.879	76,75

Voici comment se subdivise cette moyenne :

FÈVES.	HARICOTS.	POIS.
101,555 hect.	241,994 hect.	62,330 hect.
Poids de l'hect.	Poids de l'hect.	Poids de l'hect.
88 k.	76,50 k.	79 k.
Poids total.	Poids total.	Poids total.
89,368 q. m.	185,125 q. m.	49,241 q. m.

Poids total de l'ensemble.

323,734 q. m.

La répartition de ces nombres, par arrondissement, a lieu de la manière suivante :

	FÈVES.	HARICOTS.	POIS.	ENSEMBLE.
Lille.	21,783 h.	13,000 h.	19,962 h.	54,745 h.
Dunkerque,	27,536	98,258	12,721	138,515
Hazebrouck,	16.922	100,483	9,290	126,695
Avesnes,	13,301	12,883	6,836	33,020
Cambrai,	15,730	8,567	4,277	28,574
Douai,	3,352	4,399	4,510	12,261
Valenciennes,	2,931	4,404	4,734	12,069
	101,555	241,994	62,330	405,879

Pailles ou fanes. — Pour compléter les produits obtenus de cette triple culture, il faut ajouter les pailles ou fanes qui donnent en moyenne pour les

FÈVES.	HARICOTS.	POIS.	ENSEMBLE.
110,204 q. m.	110,310 q. m.	28,446 q. m.	248,960 q. m.

Récapitulation des produits. — Le poids total des récoltes en grains, ajouté aux nombres ci-dessus, procure les résultats suivants :

	FÈVES.	HARICOTS.	POIS.	ENSEMBLE.
Grains,	89,368 q. m.	185,610 q. m.	40,241 q. m.	324,219 q. m.
Fanes,	110,204	110,310	28,446	248,960
	199,572	295,920	77,687	573,179

Quote-part. — La répartition de ces produits par le nombre d'habitants serait pour chacun d'eux

GRAIN.	FANES.	ENSEMBLE.
28 kil.	21 kil. 5.	49 kil. 5

Produit par hectare. — Les moyennes de la dernière période décennale ont procuré, pour les grains et les fanes, les chiffres suivants par hectare :

	FÈVES.	HARICOTS.	POIS.
Grain,	22 hect. 31.	21 hect. 17.	19 hect. 55.
Fanes,	2,421 kil.	965 kil.	892 kil.

Ce rendement est inégal entre les arrondissements. Le tableau suivant en exprime les variations.

	FÈVES.	HARICOTS.	POIS.
	hect.	hect.	hect.
Lille,	24, 15	23, 05	25, 30
Dunkerque,	21, 10	21, 54	19, 51
Hazebrouck,	23, 80	21, 19	19, 60
Avesnes,	23, 50	21, 05	19, 42
Cambrai,	19, 86	16, 22	9, 69
Douai,	22, 65	21, 15	19, 45
Valenciennes,	22, 90	21, 07	19, 40
Moyenne :	22, 31	21, 17	19, 55

Valeur de la production. — Elle oscille entre des limites résultant de l'abondance relative des récoltes et la variabilité du prix. D'après ces bases, elle doit être estimée dans les années reprises ci-dessous aux sommes ci-après :

		Prix rural à l'hectolitre		
		FÈVES.	HARICOTS.	POIS
		fr.	fr.	fr.
1840	4,192,392 fr.	9,25	13,45	13,45
1845	4,848,288	11,50	17,40	15,87
1846	5,490,197	15,08	23,20	24,12
1847	6,449,708	17,55	20,28	24,04
1848	5,919,173	9,96	12,54	17,51
1849	5,402,144	9,46	11,29	12,18
1850	4,562,061	8,71	11,08	9,80
1851	5,494,907	9,60	13,06	9,98
1852	8,431,415	10,02	16,24	14,56
1853	7,543,243	12,02	18,08	20,22
1854	6,169,318	13,07	08,94	21,88

Moyenne :   5,863,895

Cette somme totale de 5,863,895 fr. se décompose entre la diversité de nature de produits ainsi qu'il suit :

FÈVES.	HARICOTS.	POIS.
1,407,335 fr.	3,518,337 fr.	938,223 fr.

Les fanes, de leur côté, ont une valeur qui, calculée sur le prix de 2 fr. le quintal métrique pour les fèves, et de 3 fr. 20 pour les haricots et les pois, s'élève aux sommes suivantes :

FÈVES.	HARICOTS.	POIS.	ENSEMBLE.
220,408 fr.	352,992 fr.	248,598 fr.	821,998 fr.

Récapitulation de la valeur des produits. — Le grain et les fanes de la culture des légumes secs atteignent, réunis, les valeurs

Grains,	5,863,896 fr.
Fanes,	821,998
Total général :	6,585,893 fr.

La quote-part de cette somme équivaut par individu à
5 fr. 78 c.

Valeur par hectare. — Elle est calculée sur les chiffres
précédents.

	FÈVES.	HARICOTS.	POIS.
Grains,	309 fr.	308 fr.	294 fr.
Fanes,	54	34	78
	363	342	372

Quantités disponibles. — Soustraction faite des semailles,
il ne reste en moyenne pour la consommation, que

355,540 hect.

Ainsi que cela résulte du relevé suivant.

		Poids total.
1840	294,541 hect.	235,633 q. m.
1845	269,191	215,353
1846	217,027	173,622
1847	263,292	210,634
1848	411,407	329,126
1849	438,137	350,510
1850	386,510	309,208
1851	412,440	329,952
1852	512,806	410,245
1853	401,923	321,538
1854	303,664	242,931
Moyenne :	355,540	284,432

La moyenne de 355,540 hectolitres disponibles de légumes
secs se décompose de la manière suivante :

FÈVES.	HARICOTS.	POIS.
85,330 hect.	213,324 hect.	60,886 hect.

Consommation. — Les légumes secs constituent des aliments très-nutritifs, dont la plus grande partie est consommée par l'homme; sous ce rapport, ils méritent de fixer l'attention des économistes et des statisticiens, comme de précieuses ressources pour suppléer à l'insuffisance des récoltes en céréales. Année commune, la partie disponible de cette triple culture peut équivaloir par individu

à 31 litres du poids de 25 kil.

Divisé ainsi qu'il suit:

FÈVES.	HARICOTS.	POIS.
7 lit. 4 décil.	18 lit. 6 décil.	5 lit.

Nous verrons plus tard, que comme puissance nutritive, ces trois produits se montrent supérieurs à quantité égale au blé.

Valeur. — Le prix atteint par la partie livrable à la consommation des récoltes, dont il est ci-dessus question, a subi les variations indiquées par le tableau suivant :

1840	3,689,911 fr.
1845	4,237,066
1846	4,644,378
1847	5,761,709
1848	5,228,983
1849	4,810,744
1850	3,984,918
1851	4,842,045
1852	7,425,431
1853	6,820,633
1854	5,769,616
Moyenne :	5,201,348 fr.

La quote-part résultant de cette moyenne est de

4 fr. 50

RÉSUMÉ DES CÉRÉALES

ET DES

Cultures féculentes annexes:

C'est sur les modestes végétaux qui viennent d'être examinés, que repose l'existence des sociétés humaines; partout en effet, où l'homme a porté ses pas, ces plantes vraiment sociales l'ont accompagné, et quelles que soient la rigueur des climats et l'inclemence des saisons, toujours quelques-unes d'entre elles ont survécu pour satisfaire à ses besoins; cependant, la loi naturelle qui limite l'accroissement des populations aux ressources alimentaires qu'elles peuvent se procurer, ne permet de grandes accumulations d'hommes que sous les latitudes qui donnent des récoltes abondantes et variées; sous ce rapport, nous n'avons rien à envier aux contrées les plus favorisées, et non seulement la fécondité de la première de toutes les céréales, égale ou surpasse, sur le territoire du département du Nord, la puissance de reproduction des pays les plus fertiles et les mieux cultivés; mais encore ses congénères, relativement plus multipliées qu'ailleurs, peuvent dans tous les temps, parer à l'insuffisance exceptionnelle des céréales et prévenir, ou rendre moins graves les crises de subsistances, ainsi qu'on en verra la preuve dans le résumé que nous donnons ci-après de l'ensemble de nos cultures essentiellement alimentaires.

Etendue. — La surface moyenne, annuellement occupée dans le Nord par les céréales et les cultures farineuses, est de

235,106 hectares.

L'étendue correspondante pour la totalité de la France, atteint le chiffre considérable de

15,730,402 hectares

c'est-à-dire une surface 63 fois plus considérable.

En comparant ces quantités avec celles qui sont affectées à l'ensemble de toutes les cultures, y compris les prairies artificielles, on constate que les céréales et leurs annexes y sont dans les proportions pour

LE NORD,   LA FRANCE,

2/3   3/4

Les cultures principalement destinées à la nourriture de l'homme occupent donc, dans l'ancienne Flandre, relativement moins d'espace que dans le restant du territoire français. C'est à, comme nous l'avons déjà vu, un signe qui atteste une grande supériorité agricole et qui résulte d'assolements perfectionnés, ainsi que d'une puissance de fertilité accumulée par d'excellentes méthodes culturales et par les meilleures combinaisons agronomiques.

Le lot qui revient à chaque individu dans la surface consacrée aux cultures alimentaires est encore plus inégal que les proportions indiquées ci-dessus, il se compose dans

LE NORD,   LA FRANCE,

de 20 ares.   de 45 ares.

de telle sorte que pour substanter chaque habitant, l'agriculture française consacre beaucoup plus du double que l'agriculture flamande.

Mais ces différences sont encore bien plus manifestes, quand on compare les arrondissements entr'eux.

C'est ainsi que la circonscription de Lille limite ces cultures dans l'étroite proportion des $^3/_5$ de ses terres arables, proportion qui donne seulement 10 ares à chaque membre de la très-dense population qu'elle renferme : il y a plus, c'est qu'en éliminant l'orge et l'avoine consommées exclusivement dans le Nord par les animaux, les brasseries et les genièvreries, l'étendue destinée aux

12

plantes alimentaires égale seulement 8 ares par individu. L'ensemble de l'espace des cultures se partage d'ailleurs, dans cet arrondissement en deux parties égales, l'une pour la subsistance des populations et l'autre pour la nourriture du bétail et les besoins industriels.

Ce n'est, d'ailleurs, que dans les contrées les plus justement renommées pour leur agriculture, telles que l'Angleterre, la Belgique, qu'on peut trouver des exemples d'une réduction relativement aussi considérable, dans l'espace accordée aux cultures alimentaires proprement dites.

Ensemencement. — L'importante et fondamentale opération des semailles, de laquelle dépend l'abondance des récoltes n'enlève pas moins de

599,029 hectolitres,

de matières féculentes à la consommation, dans le seul département du Nord, c'est un peu plus, pour chacun de ses habitants, de

$1/2$ hectolitre.

L'ensemble de la dépense des semailles s'y élève à une valeur de

6,812,172 fr.

équivalant à 51 litres par habitant, ou près de

6 fr. par individu.

Cette opération est relativement environ le double plus onéreuse pour la France entière, puisqu'elle y emploie

39,964,543 hectolitres,

valant

364,592,360 fr.

et donnant une quote-part de

114 litres, valeur 10 fr.

Bien des économistes et des agronomes se sont préoccupés des énormes avances à faire ainsi à la future production des subsistances. Frappés de l'inégalité des doses des semences employées, non-seulement dans des contrées diverses et plus ou moins éloignées les unes des autres, mais même en des localités voisines et jusque sur des terrains contigus, ils se sont demandé, si la grande faculté reproductrice des graines, était suffisamment mise à profit par l'agriculteur ? Quelques auteurs ont cherché par des appareils ou des méthodes d'ensemencements perfectionnées, à réduire la quantité de germes reproducteurs : l'application du sémoir à la culture de quelques céréales et particulièrement de la fève, a répondu avec succès à leurs prévisions et justifié les tentatives faites dans cette direction. D'autres ont admis, que, même sans changement dans les procédés de semailles, on pouvait notablement diminuer la dépense de reproduction, mais c'est là une question des plus complexes et qui ne pourrait être résolue d'une manière satisfaisante, qu'autant qu'on en connaîtrait exactement tous les éléments, parmi lesquels figurent au premier rang la préparation du sol et la richesse accumulée que recèle la terre.

Multiplication de la semence. — Il ne faut pas croire, d'ailleurs, que la plus grande réduction possible de semence, relativement à la somme des produits, corresponde exactement avec le bénéfice à obtenir par le cultivateur. L'expérience démontre, que l'intérêt de celui-ci exige, au contraire, une certaine prodigalité de semence, afin de parer aux nombreuses éventualités de pertes ; la parcimonie, sous ce rapport, tout en obtenant une multiplication plus grande, atténuerait dans une proportion ruineuse, la production proportionnellement à la surface, c'est ainsi que la culture de Pamplona, citée par M. Boussingault, comme donnant 60 à 80 fois la semence, ne produit cependant que 5 à 6 hectolitres de froment par hectare.

Quoiqu'il en soit, de cette diversité de faits, dans les conditions culturales de la France et des États limitrophes, le nombre de fois que la semence multiplie indique assez approximativement le degré de prospérité atteint par l'agriculture. A cet égard, le département du Nord se maintient au rang élevé que les agronomes lui ont toujours assigné. En moyenne, les céréales y multiplient près de 14 pour 1, tandisque la moyenne de la France, ne donne qu'environ 6 $^1/_4$, et si les résultats pour les plantes féculentes annexes ne sont pas aussi prononcés, cela tient, d'une part à ce que la culture du sarrasin y est insignifiante; que, d'autre part, la maladie de la pomme de terre, qui n'existait pas lors de la confection de la grande statistique de la France, a fait baisser de plus de moitié sa fécondité. Enfin, cela tient encore à ce que le groupe des légumes secs, dont les espèces exigent des dépenses inégales de semence, est porté en masse dans notre inventaire national, ce qui enlève toute possibilité d'établir des comparaisons rigoureuses avec les cultures correspondantes de notre vieille Flandre. (1)

Production. — L'ensemble de la culture des céréales et des plantes féculentes verse, dans le département du Nord, pour

---

(1) Voici les chiffres représentant la multiplication de la semence :

		NORD.	FRANCE.
Froment. { blanc.	11,64 }	12,17 p. 1.	6,1
{ macaux	12,71 }		
Méteil.		10,63	6,1
Seigle.		10,86	5,4
Orge.		17,97	6,5
Avoine.		17,53	7,0
Moyennes		13,83	6,22
Pommes de terre		10,44	9,5
Sarrasin.		20,86	15,6
Légumes secs		9,88	6,4
Moyennes		13,73	10,3

les diverses sortes de consommation, une masse hétérogène de produits qui s'élève à

7,626,121 hectolitres.

Quantité totale qui est assez exactement la 40.ᵉ partie de la production des cultures alimentaires de la France , laquelle, y compris le maïs, est de

290,641,498 hect.

Mais ce n'est là qu'une moyenne, et bien des éventualités, favorables ou fâcheuses, l'élèvent ou l'abaissent chaque année, de manière à traduire leur action sur la société par le bien-être, le malaise, ou même la souffrance; il importe donc de mesurer aussi exactement que possible la puissance de ces causes, et le tableau ci-après, indiquant l'inventaire des ressources alimentaires du département pendant les dix dernières années, permettra de la préciser numériquement :

		Proportions en-dessus et au-dessous de la moyenne.
1840	7,546,895 hect.	— 1 p. %
1845	7,920,104	+ 1
1846	6,903,705	— 10
1847	8,953,193	+ 17
1848	7,471,776	— 2
1849	8,455,963	+ 11
1850	7,287,635	— 4
1851	8,015,064	+ 5
1852	7,256,111	— 5
1853	6,557,905	— 14
1854	7,519,174	— 1
Moyenne :	7,626,211 hect.	

La première remarque que provoque le relevé qui précède, c'est que les faibles oscillations de 4 ou 5 p. %, au-dessus ou au-dessous de la moyenne, laissent pour ainsi dire l'approvisionnement dans les conditions normales, et que la masse de la réserve suffit pour en effacer, par ses fluctuations, à peu près complètement l'action sur la cherté des subsistances. Pour qu'il y ait trouble dans la situation économique du pays, il faut que l'insuffisance dépasse, comme dans les années 1846 et 1853, 10 p. %, des récoltes ordinaires; nous aurons d'ailleurs occasion de revenir prochainement sur ce sujet; quant à présent, nous nous bornons à constater ou plutôt à confirmer le fait important qui vient d'être énoncé.

La production complexe dont il s'agit, se répartit inégalement, de la manière suivante entre les arrondissements:

		Proportions p. %
Lille,	1,569,278 hect.	20
Dunkerque,	972,343	13
Hazebrouck,	1,041,126	13
Avesnes,	1,102,205	15
Cambrai,	1,282,238	17
Douai,	726,737	10
Valenciennes,	932,694	12
	7,626,611	100

Aux produits essentiels des cultures alimentaires indiqués ci-dessus, il faut joindre les pailles et les fanes, qui doivent être comptées comme produits accessoires et supplémentaires lesquelles fournissent :

Nord.	France.
7,286,954 quint. mét.	234,262,736 quint. mét.

Répartis par hectare, la production de toute nature des céréales et de leurs annexes égale :

NORD.

Fruits, 32 hect. 34 ; en poids, 2,190 kil.
Pailles et fanes. 3,091

Ensemble. 5,481

FRANCE.

Fruit, 18 hect. 48 ; en poids,   1,285 kil.
Pailles et fanes 1,489
Ensemble 2,774

Co-partagée par individus, la même production est équivalante :

NORD.

Fruits, 6 hect. 52; en poids de   447 kil.
Pailles et fanes 630
Ensemble 1077

FRANCE.

Fruits, 8 hect. 50; en poids,   577 kil.
Pailles et fanes, ... 661
Ensemble. 1,238

Valeur de la production. — Nous avons déjà établi à quel chiffre s'élève la valeur annuelle et moyenne de la culture des céréales dans le département. En y ajoutant celle des cultures des autres plantes féculentes, puis enfin celle des pailles et fanes on arrive au résultat suivant :

Céréales,   69,238,872 fr.
Féculentes,   13,388,824
Pailles et fanes, 26,666,919

En tout :   109,294,615 fr.

L'agriculture française donne pour correspondant à ce dernier chiffre,

2,370,970,203 fr.

C'est-à-dire une somme près de vingt-deux fois supérieure à la première.

En assignant comparativement la valeur de la production par hectare on trouve en faveur du Nord une surélévation qui dépasse très-sensiblement le double, puisque cette déduction donne

Nord.	France.
351 fr. par hect.	151 fr. par hect.

Mais la grande densité de la population de l'ancienne Flandre fait disparaître, quand il s'agit de répartir par individu, une grande partie des conséquences d'une si grande fertilité. On constate en effet, alors, que la quote-part par habitant, pour

Le Nord,	La France,
est de 71 fr.	de 68 fr.

La valeur du total des denrées alimentaires éprouve des variations assez considérable qu'il importe de bien constater pour bien en apprécier les effets économiques ; c'est pourquoi nous avons dressé le tableau suivant :

	Valeur totale des récoltes alimentaires.
1840 —	87,274,548
1845 —	122,116,587
1846 —	132,219,197
1847 —	109,385,248
1848 —	88,325,247
1849 —	96,763,705
1850 —	96,596,349
1851 —	111,819,043
1852 —	126,141,368
1853 —	122,304,780
	109,294,607

L'étendue des oscillations extrêmes de l'estimation des dernières récoltes en céréales et féculentes du département, s'élève ou s'abaisse, comme on le voit, d'environ 20 °/₀ au-dessous ou au-dessus de la moyenne, laissant ainsi un écart supérieur à

40 %, chiffre très-significatif au point de vue du prix des subsistances, mais qui n'exprime pas, ainsi que nous aurons occasion de le constater plus loin, la somme des sacrifices imposés aux populations pour leur consommation, attendu que l'importance des importations nécessitées par les années de cherté ne figurent point dans les chiffres qui viennent d'être relatés.

Frais de production.

Les investigations précédentes resteraient incomplètes, si à côté de la valeur de la production on ne plaçait les frais qu'elle impose; c'est là cependant une lacune que renferment toutes les publications de statistique agricole, lacune qu'on ne saurait expliquer que par les immenses difficultés de la combler d'après des bases irréprochables. Quoiqu'il en soit , c'est un élément de la plus haute importance dans l'étude des forces productives de l'agriculture, et qui peut seul nous livrer les conditions de l'équilibre de la production avec la consommation, et par conséquent, nous faire connaître les conditions de la vie même des sociétés.

Un seul document nous permettra d'aborder ce sujet ardu ; c'est un excellent rapport de M. Des Rotours, élaboré par la chambre consultative d'agriculture de l'arrondissement de Lille ; les renseignements qu'il renferme ne s'appliquent qu'à la cisconscription du chef-lieu du Nord, mais les données qui en découlent peuvent aisément se généraliser à l'ensemble du département, car si d'une part les charges y sont proportionnellement un peu moindres que dans l'arrondissement de Lille, les récoltes y sont aussi moins fécondes; de telle sorte qu'il y a compensation assez exacte.

Les termes sur lesquels reposent les calculs de l'honorable rapporteur, laissent peu de prise aux objections. Les frais de culture paraissent aussi rigoureusement déduits qu'il est possible de le faire en pareille matière; l'article fermage et contribution est tout aussi irréprochable; il en est de même de ce qui concerne la semence et l'intérêt du capital ; le chapitre des engrais nous semble seul attaquable en ce qu'il met à la charge des récoltes fumées, la totalité des engrais qu'elles ont reçues, sans en soustraire l'arrière fumure, qui sert aux récoltes subséquentes. Cependant, on reconnaît tacitement dans ces calculs, qu'il en devrait être ainsi, puisqu'on y attribue au froment une part de de 37 fr. 50 sur la fumure précédente, mais outre que cette part est un peu faible pour une culture si grande consommatrice d'engrais, il a été encore omis de distraire cette fraction de fumure, du compte des récoltes fumées.

Nous n'avons pas cru toutefois devoir changer les bases qui nous sont offertes dans ce travail, parce qu'elles portent un caractère officiel qu'il nous importait de leur conserver ; mais nous n'avons pas renoncé à les rectifier ultérieurement de manière à rendre leurs déductions plus vraies.

D'après le rapport de M. Des Rotours, les informations fournies par les commissions de statistique des seize cantons de Lille, se résument en ce qui touche les charges de production par les chiffres suivants :

Froments Blanzé et Macaux.

Frais de culture.	155 f. 69
Fermage et contributions . . .	122 »
Semences (180 litres).	38 83
Engrais (estimation du restant de la fumure précédente) . . .	37 50
Intérêt du capital calculé à raison de 600 fr. l'hectare	40 »
Total. . . .	394 02

Seigle.

Frais de culture.	128 f. »
Fermage et contributions. . . .	122 »
Intérêt du capital.	40 »
Semence	24 92
Total. . .	314 92

Méteil, Epeautre

Comme pour le seigle.

Orge.

Frais de culture.	135 f. 37
Fermage et contributions . . .	122	»
Intérêt du capital	40	»
Semences.	24	34
189 quint. mét. de fumier, à 0,35	66	15
Total. . .	387	86

Avoine.

Frais de culture.	176 f. 53
Fermage et contributions. . .	122	»
Semences.	12	02
Intérêt du capital.	40	»
Engrais.	66	15
Total. . .	416	70

Pomme de terre.

Frais de culture.	207 f. »
Fermage et contributions. . .	122	»
Intérêt du capital	40	»
Semence, 17 hect. et 1/2. . .	100	»
Engrais, 890 quint. mét. à 0,35.	311	85
Total. . .	780	85

Sarrasin.

Frais de culture.	108 f. »
Fermage et contributions . . .	102	»
Intérêt du capital.	40	»
Semence	6	37
Total. . .	256	37

Légumes secs.

Frais de culture. . . . . . . 172 f. 58
Fermage et contributions . . . . 122 »
Intérêt du capital. . . . . . . 40 »
Semence . . . . 29 »
Fumier, 594 quint. mét., à 0,35. 207 90

Total. . . . 571 48

Prix de revient. — Les chiffres précédents ne sont pas fixes, ils ont au contraire une certaine mobilité ; ainsi, les frais de main-d'œuvre subissent parfois des variations ; le prix des engrais oscille entre certaines limites ; le fermage et les contributions présentent des inégalités ; d'un autre côté, la quantité de production est très-diverse, selon les temps et les lieux, en sorte, qu'à travers tant de causes de mouvements en sens différents, il est impossible d'établir avec rigueur le prix de revient des denrées formant la base de l'alimentation humaine, mais comme il ne s'agit pas ici d'atteindre une précision mathé-matique et que des données approximatives suffisent dans l'ordre de recherches auxquelles nous nous livrons, on peut admettre qu'à ce point de vue, les éléments de calcul qui viennent d'être exposés, doivent conduire à des déductions très-rapprochés de la vérité, et que, quoiqu'établis sur les conditions culturales d'un seul arrondissement, ils sont pourtant applicables à tous ceux qui composent le département, attendu, avons-nous déjà dit, la compensation qui équilibre les frais de production avec la production elle-même, et qui fait que là où les dépenses de culture diminuent, les produits diminuent dans la même proportion.

Nous devons prévenir toutefois, que nous nous sommes cru obligé, dans les supputations qui vont suivre, de rectifier les calculs précédents en ce qui touche les arrière-fumures aux-quelles, par défaut de guides scientifiques, nous avons dû appli-quer les règles d'estimations adoptées traditionnellement dans le pays en matière d'expertise pour la reprise des exploitations dont les engrais sont attribués par le bail au fermier : Ces règles seront longuement discutées ailleurs , il nous suffira de dire ici qu'elles se résument dans la base hypothétique qu'en moyenne, les récoltes fumées et sarclées consomment dans le cours de leur végétation, savoir :

Pour le fumier,   33 p %.
« les tourteaux, 50
« les engrais liquides, 66

On peut en outre admettre que pour les fumures mixtes, telles qu'elles se pratiquent dans le pays, les récoltes fumées absorbent en général, 50 p. % de l'engrais ; le blé qui leur succède 33, et enfin l'avoine qui termine la rotation 17.

En ramenant la dépense de fumure à l'unité de valeur moyenne de 500 francs par hectare, les frais d'engrais se repartissent de la manière suivante :

Colzas, betterave, pomme de terre, etc., 150 fr.
Blé 100
Seigle, avoine, etc.. 50

Voici maintenant, d'après ces bases, pour chaque catégorie de fruits des céréales et de leurs annexes, les termes que le calcul donne comme prix de revient :

Blanzé. — Frais de production indiqués plus
haut . . . . 394 f. 02
Valeur supplétive d'arrière-fumure. . . . 62   30

           ———————
Ensemble. 456   32
A déduire, 3,050 kil. de paille, à 4 f. 23 c.
le quintal métrique. 129   »
           ———————

Reste pour un produit de 24 hect. 74 en grains   317   32
Ce qui établit l'hectolitre,

   Prix rural.   Prix des marchés.
   13 f. 24   16 f. 55

Macaux. — Frais de production indiqués plus
    haut 394 02
Valeur supplétive de l'arrière-fumure, toujours
    moins riche que pour le blanzé 52 50

    Ensemble 446 52
A déduire, 3,050 kil. paille, à 4 f. 23 le q. m. 129 »

Reste pour un produit de 25 hect. 66. . . . 317 52
Ce qui établit l'hectolitre,

Prix rural.   Prix commercial.
12 f. 38   15 f. 47

Méteil. — Frais de production indiqués ci-
    dessus. . . . . 314 f. 92
Valeur supplétive de l'arrière-fumure . . . 50 »

    Ensemble. 364 92
A déduire : 3,592 kil. de paille, à 3 fr. 14 . 129 67

Reste pour un produit de 19 hect. . 14. le q. m. 235 f. 25
Ce qui établit l'hectolitre,

rix rural.   Prix commercial.
12 f. 29   15 f. 25

Epeautre. — Frais de production mentionnés
    ci-dessus. 314 92
Valeur supplétive de l'arrière-fumure . . 40 »

    Ensemble. 364 92
A déduire : 3,225 kil. de paillé, à 4 f. 32 c.
    le quintal métrique 145 76

Reste pour un produit de 38 hect. 30 . . . 209 16
Ce qui établit l'hectolitre,

Prix rural.   Prix commercial.
5 f. 72.   7 f. 15

Seigle. — Frais de production représentés
    précédemment . . . . 314 f. 92
Valeur supplétive de l'arrière-fumure. . . . 50   »

    Ensemble 364   92
A déduire : 3,580 kil. de paille, à 4,05 le q. m. 159   31

Reste pour un produit de 21 hect. 99 . . . 205   61
Ce qui établit l'hectolitre,

Prix rural.	Prix commercial.
9 f. 84	12 f. 30

Orge. — Ensemble des frais de production. . 387   86
A déduire : 3,018 kil. de paille, à 2 f. 50 c.
    le quintal métrique 75   45

Reste pour le produit de 36 hect. 11. . . . 312   41

Ce qui établit l'hectolitre,

Prix rural.	Prix commercial.
8 fr. 65.	10,81.

Avoine. — Ensemble des frais de production   416 f. 70 c.
  A déduire :
1.° Exagération de frais de culture . . 40 »
2.° Surélévation de la fumure . . . 16,15 } 133 f. 41 c.
3.° Valeur de 3,018 kil. de paille, à
2 fr. 26 c. le quintal métrique . . . 77,26 }

Reste pour le produit de 46 hectolitres 91   283 f. 29 c.

Ce qui établit l'hectolitre,

Prix rural.	Prix commercial
6 f. 04	7 f. 55

Pomme de terre. — Ensemble des frais de
production 780 85
A déduire 55 p. % de la fumure restant dans le
sol. 171 51

Reste pour le produit moyen de 121 hectolitres 609 34
Ce qui établit l'hectolitre,

Prix rural.   Prix commercial.
5 f. 32   6 f. 65

Sarrasin — Ensemble des frais de production. 256 37
A déduire 1,500 kil. de fanes. 57 50

Reste pour le produit de 62 hectolitres. . . 198 87
Ce qui établit l'hectolitre,

Prix rural.   Prix commercial.
4 f. 30   5 f. 37

Légumes secs. — Ensemble des frais de production. 571,48
     A déduire.

1.º La fumure restant dans le sol et qui varie, savoir:
Pour les fèves, culture améliorante laissant à la
terre autant qu'elle a pris, 100 p. % ; pour les haricots et les pois qui sont peu épuisants, 60 p. % ;
soit en moyenne sur l'ensemble de cette triple culture,
73 p. %, ou . . . . 181,77 } 213,88
2.º La valeur des fanes calculée pour les fèves:
2,421 kil. à 2 fr. 25 le q. mét. 54 fr. 57 c. les haricots.
1,965 kil. à 3 fr. 25   —   63 fr. 86 c. les pois.
1,892 kil. à 3 fr. 50   —   66 fr. 22 c. donnant valeur moyenne. 62,11
Reste pour le produit des légumes 357,60

Lesquels produits consistent en fèves, 24 hect. 16 ; haricots, 23,05 ; pois, 25,30.

Ce qui établit le prix de revient à l'hectolitre, savoir :

Fèves, 15,06 ; haricots, 15,78 ; pois, 14,38.

Prix rural moyen.	Prix commercial moyen.
15 f. 07	18 f. 84

Récapitulation du prix de revient. — Toutes les supputations qui viennent d'être produites se résument dans les prix de revient suivants :

	Prix rural.	Prix commercial.
	f. c.	f. c.
Froment { blanzé,	13,24	16.55
Froment { macaux,	12,38	13,47
Méteil,	12,29	15,25
Epeautre,	5,72	7,15
Seigle,	9,84	12,30
Orge,	8,65	10,81
Avoine,	6,04	7,55
Pomme de terre,	5,32	6,65
Sarrasin,	4,30	5,57
Légumes secs,	15,07	18,84

Bénéfice agricole. — Avec les données précédentes, il est aisé de se rendre compte du résultat financier des soins si divers que le laboureur consacre pour assurer l'approvisionnement des populations. Ses rudes et incessants travaux ne sont pas toujours couronnés de succès ; bien des chances défavorables pèsent sur ses récoltes et le constituent en perte pour un certain nombre d'entr'elles, ainsi qu'on peut le voir dans le relevé de la dernière période décennale qui va suivre.

Tableau du Bénéfice agricole pa

DANS LE DÉPARTEMENT DU NORD

	FROMENT (Blanzé).		MACAUX.		MÉTEIL.		ÉPEAUTRE.		SEIGLE.	
	Gain.	Perte.	Gain.	Perte.	Gain.	Perte.	Gain.	Perte.	Gain.	Perte.
	fr. c.	fr. c.	fr. c.	fr. c.	fr. c.	fr. c.	fr. c.	fr. c.	fr. c.	fr. c.
1840	»	10.05	»	35.39	»	13.87	»	32 88	»	4.25
1845	73.49	»	67.09	»	54.57	»	6.29	»	112 71	»
1846	175.48	»	139 58	»	119.09		103 13	»	»	16.32
1847	42 09	»	24 73	»	31.10	»	11.24	»	0.34	»
1848	»	15.82	»	70.37	»	42.93	22 18	»	»	37.20
1849	»	6 66	»	60.67	»	19.40	15 84	»	»	38.44
1850	0.20	»	»	22.97	»	6 41	»	68.60	»	8.44
1851	60 33	»	22.60	»	32.64	»	14 19	»	32.73	»
1852	147.77	»	130 48	»	103.61	»	86.06	»	52.15	»
1853	104 24	»	166 80	»	140.58	»	101.13	»	114.39	»
Moyenne totale des gains	60.36	»	55.13	»	48.16	»	36.01	»	31.23	»
Moyenne totale des pertes	»	3.25	»	18.94	»	8.26	»	10.15	»	14 86
Excédent en moyenne. gains	57.11	»	36.19	»	39.90	»	25 86	»	16.87	»
Excédent en moyenne. pertes	»	»	»	»	»	»	»	»	»	»

tare des cultures céréales et annexes

 NT UNE PÉRIODE DE DIX ANS.

ORGE.		AVOINE.		POMME DE TERRE.		SARRASIN.		LÉGUMES SECS.	
Gain.	Perte.	Gain.	Perte.	Gain.	Perte.	Gain.	Perte.	Gain.	Perte.
fr. c.	fr. c.	fr. c.	fr. c.	fr. c.	fr. c.	fr. c.	fr. c.	fr. c.	fr. c.
»	28.25	»	26.36	»	146.55	»	55.57	»	48.11
20.83	»	96.00	»	269.63	»	»	70.64	0.74	»
103.52	»	98.42	»	126.15	»	2.69	»	31.36	»
36.24	»	19.79	»	»	135.73	»	48.34	»	20.03
»	10.00	»	78.05	»	151.11	»	66.78	»	18.12
0.87	»	»	22.95	»	40.51	»	69.92	»	89.32
16.12	»	»	19.94	»	285.32	»	79.53	»	98.50
8.38	»	»	31.04	»	»	»	54.06	4.97	»
22.51	»	29.14	»	18.65	85.94	»	6.81	51.48	»
23.16	»	154.20	»	60.18	»	10.13	»	220.91	»
32.76	»	39.75	»	47.46	»	1.28	»	30.95	»
»	3.83	»	17.83	»	107.11	»	45.16	»	27.41
28.93	»	21.02	»	»	»	»	»	3.54	»
»	»	»	»	»	71.55	»	38.83	»	»

On peut remarquer dans l'analyse des faits numériques relatés ci-dessus, que :

Le *froment blanzé*, dont la culture est la plus lucrative de toutes, a pourtant constitué en perte le cultivateur trois années sur dix. Le maximum du gain qu'il a procuré à l'hectare, s'est élevé à 173 fr. 48 c.; la perte la plus considérable qu'il ait fait subir, ne dépasse pas 15 fr. 82 c. Enfin, la moyenne du bénéfice laissé par cette céréale après déduction des pertes, est de 57 fr. 11 c.

Le *blé macaux* n'a offert du profit que six ans sur dix. Le maximum a été de 166 fr. 80 c., et la plus grande perte, de 70 fr. 37 c.; la balance décennale lui concède comme bénéfice moyen 36 fr. 19 c.

Le *méteil*, comme le *blé macaux*, a donné quatre résultats négatifs sur dix. Le profit le plus élevé qu'il ait fourni, est de 140 fr. 58 c.; la perte la plus grave, atteint 42 fr. 93 c.; le profit moyen et final qu'il a laissé, est de 39 fr. 90 c.

L'*épeautre* a constitué deux fois sur dix le producteur en perte; le maximum du bénéfice qu'il a procuré s'élève à 103 fr. 13 c., et la perte la plus grande qu'il a fait subir est de 68 fr. 69 c. La moyenne donne un bénéfice de 25 fr. 86.

Le *seigle* a été encore beaucoup moins favorable à l'agriculteur; cinq récoltes sur dix lui ont fait subir des pertes; le maximum du profit obtenu a été de 114 fr. 39 c.; la plus grande perte, de 38 fr. 44 c., et la moyenne a constitué un profit de 16 fr. 87 c.

L'*orge* a occasionné du déficit deux années sur dix, le plus grand profit accordé par cette graminée a été de 123 fr. 16 c.; la plus grande perte de 28 fr. 35 c., et la moyenne a été un bénéfice de 28 fr. 93 c.

L'*avoine* est de toutes les céréales, après le seigle, celle qui s'est montré le moins profitable au cultivateur. Cinq fois seulement sur dix ans il en a recueilli du bénéfice et cinq fois de la perte; le gain le plus élevé qu'on lui doive est de 154 fr. 20 c.;

la perte la plus élevée de 78 fr. 05 c. Le résultat final de la balance des gains et des pertes est un bénéfice annuel de 21 f. 92 c.

La *pomme de terre*, par suite des désastreux effets de la maladie qui l'a frappée depuis sept à huit ans, a été une culture des plus onéreuses. Quatre fois , elle a été profitable et six désavantageuse. Le gain le plus élevé qu'elle ait produit est de 269 f. 63 c.; la perte la plus importante 285 fr. 52 c. Le compte décennal de cette culture se résume dans un déficit par an de 74 fr. 55 c

Le *sarrasin* ne mérite d'être mentionné que pour mémoire, attendu l'insignifiance des produits en ce genre fournis par l'agriculture du Nord. Cependant sa balance, qui se termine par une perte annuelle de 38 , 83, annonce suffisamment qu'il est impossible de donner de l'extension à cette culture sur le sol si fécond de notre département.

Enfin , *les légumes secs* viennent augmenter le nombre des exemples ci-dessus cités, de cultures fort chanceuses pour l'intérêt agricole. Cinq fois sur dix, ces plantes légumineuses ont constitué le producteur en perte. Le plus haut gain qu'elles ayent réalisé est de 220 fr. 91 c.; la plus grande perte de 98 fr. 50 c., et leur décompte final est un profit par an de 3 fr. 54.

Avant de tirer de ces faits numériques toutes les déductions qui en découlent, nous allons, dans le paragraphe qui va suivre, examiner leurs conséquences générales sur l'ensemble de l'agriculture départementale.

Bilan des cultures céréales et annexes. — Les éventualités de gains et de pertes qui viennent d'être signalées, sont loin de se répartir de façon à se compenser uniformément. Les unes ou les autres s'accumulent au contraire sur certaines années et font tour à tour prédominer un bénéfice ou un déficit final; c'est ce qui va être péremptoirement démontré dans le tableau qui suit, où se trouvent mentionnés pour chaque année d'une période décennale, d'un côté les gains, de l'autre les pertes résultant des cultures alimentaires et enfin à la suite de ces

quantités opposées, leur balance, offrant alternativement, tantôt
un excédant de gain sur la perte, d'autres fois un excédant de
perte sur le gain.

	Gains.	Pertes.	EXCÉDENT DES	
			Gains sur les pertes.	Pertes sur les gains.
1840	»	6,298,760 f.	»	6,298,760 f.
1845	19,950,254 f.	6,781	19,943,473 f.	»
1846	30,706,827	195,905	30,510,922	»
1847	6,820,297	2,633,136	4,187,161	»
1848	74,802	18,993,609	»	18,918,807
1849	110,599	4,756,811	»	4,646,212
1850	160,997	7,453,900	»	7,292,903
1851	8,437,257	1,341,875	7,095,382	»
1852	24,126,943	606	24,126,337	»
1853	27,592,583	»	27,592,583	»

Total général
des gains. 117,980,559 fr.
des pertes. 41,681,383 f.

Excédant général des gains sur les pertes. 76,299,176

Ce qui établit pour moyenne annuelle du bénéfice agricole des
cultures dans le département, durant la période précitée.

7,629,918 fr.

Cet inventaire constate tout d'abord que l'agriculture n'est pas
toujours heureuse dans les résultats de ses opérations considérées
pécunièrement, puisque quatre récoltes sur dix l'ont constituée en
déficit, ce sont les années 1840, 1848, 1849 et 1850, qui dans
leur ensemble, ont occasionné une perte totale de 41 millions
et demi ; mais d'un autre côté, les cultures céréales et annexes
ont procuré dans le cours des années 1845, 1846, 1847,
1851, 1852 et 1853, une somme de bénéfice de près de
118 millions, en sorte que réduction faite des pertes, il est
resté un bénéfice général pour l'industrie agricole du département, s'élevant à 76 millions et quart, ou par an, de 7 millions 630 mille fr. ; chiffre bien minime, quand on songe au
nombre considérable de cultivateurs entre lesquels il se divise,
et puisque finalement il ne donne qu'une part de

32 fr. 45 c. par hectare

ou environ le tiers du fermage.

Quels témoignages pourraient mieux prouver que ces résultats, sinon rigoureusement exacts, du moins très-rapproché de la vérité, combien l'agriculture, avec les graves et fâcheuses éventualités qui pèsent sur elle, est peu lucrative, et de quels ménagements elle doit être entourée, pour que les charges contributives et locatives qui lui sont imposées, ne deviennent pas accablantes et ruineuses.

Quantités disponibles. — Avant de suivre dans leurs destinations diverses les produits de la culture des plantes féculentes, il est indispensable d'opérer une première et préalable défalcation, celle consacrée à l'ensemencement des récoltes subséquentes, et qui, avons-nous déjà reconnu, n'est pas moindre de 599,029 hectolitres ; le restant constitue une masse qui est égale à

6,996,576 hectolitres.

formant un peu plus de la 35ᵉ partie de la quantité disponible et similaire de l'agriculture française, laquelle est de

250,912,475 hectolitres.

Ces chiffres se décomposent de la manière suivante :

	Nord.	France.
Froment,	2,419,098	58,096,282
Macaux,	177,546	»
Méteil,	43,581	9,997,021
Epeautre,	117,999	120,375
Seigle,	197,389	22,672,278
Orge,	461,007	14,085,747
Avoine,	1,673,353	41,884,050
Maïs,	»	7,377,047
Pommes de terre	1,540,277	85,966,730
Légumes secs,	363,876	7,918,226
Sarrasin,	2,450	2,914,719
	6,996,576	251,032,475

Ces quantités hétérogènes et fort dissemblables partagées entre les habitants, fournissent

NORD.

FRANCE.

5 hect. 17 lit. par individu.   6 hect. 05 lit.

Poids. — Comme indice de leur puissance nutritive, le poids exprime bien mieux que le volume la valeur relative des denrées qui composent les chiffres précédents ; en sorte que si on leur fait subir la transformation de l'hectolitre au quintal métrique, il n'est pas étonnant que dissemblables dans leur composition, le rapport qui les lie en soit légèrement troublé, ainsi qu'on peut le constater dans les deux termes suivants, exprimant le poids des quantités disponibles comme égal pour

LE NORD

LA FRANCE,

5,167,496 quint.   c.   202,232,286 quint. mét.

donnant par individu,

4 kil. 47   5 kil. 77

Mais l'état des produits dont il s'agit est inégalement hygrométrique, et la quantité d'eau qu'ils recèlent ne possédant aucune propriété utile, leurs poids à l'état sec, doit mieux marquer encore la somme de matière absolue qu'ils renferment, et par conséquent, leur degré de richesse alimentaire ou industrielle. Supposant donc ces quantités disponibles de substances diverses, desséchées à une température de 110°, elles se réduiraient pour

LE NORD.

LA FRANCE.

3,636,760 q. m.   127,523,944 q. m.

ou par individu,

314 kil.   363 kil.

Nous verrons pourtant dans le paragraphe qui va suivre, par quelle cause ces derniers chiffres sont encore très-inexacts, et quelles corrections il faut leur faire subir pour arriver à des notions vraies.

Composition et valeur nutritive. — Indépendamment du rapprochement résultant d'un emploi économique qui les rend congénères les uns des autres, les produits de la culture des céréales et des plantes féculentes se trouvent encore rattachés par l'étroite analogie de leur composition. Tous contiennent en effet un principe à prédominance de carbone, *l'amidon*, la *gomme*, le *glucose*; un principe fortement hydrogène, *matière grasse*, et enfin un principe azoté, *glutine*, *fibrine*, *albumine*, *caséine*, *légumine*, le tout associé à de faibles proportions de sels minéraux.

Aucun de ces principes isolé par les procédés chimiques et administré seul, comme nourriture, n'alimente que pour un temps très-limité et d'une manière fort incomplète; son usage excite bientôt un dégoût insurmontable, au point que les animaux préfèrent se laisser mourir plutôt que d'y toucher.

Les corps gras pris comme unique aliment, entretiennent bien à la vérité la vie pendant quelque temps, mais ils donnent lieu à une nutrition imparfaite et désordonnée, suivie de l'accumulation de la graisse dans tous les tissus.

Réunis artificiellement et rendus agréables au goût par l'assaisonnement, ces principes sont acceptés avec plus de résignation et plus longtemps que s'ils étaient isolés; mais ils sont insuffisants pour la nutrition, et leur consommation, même à des doses considérables, conduit à une mort précédée de tous les symptômes de l'inanition.

Le gluten dans lequel, comme dans la chair musculaire, la fibrine, l'albumine, la caséine, sont réunies selon les lois de la nature organique, et associées à des matières grasses et à des sels, suffit cependant en très-petite quantité à une nutrition complète et prolongée.

Ces résultats d'expérimentations aussi nombreuses que judicieuses, sont confirmés par les meilleures doctrines physiologiques, ainsi que par l'observation des agronomes les plus distingués; ils démontrent que c'est essentiellement à la présence dans les denrées alimentaires, de principes azotés, qu'elles doivent leur faculté nutritive, et que sans ces principes, un aliment resterait impropre à entretenir la vie, s'il était employé exclusivement.

Tel n'est pas le cas des produits des céréales et des cultures féculentes dont il s'agit, qui tous contiennent, dans des proportions diverses, des principes organiques dans la composition desquels entre l'azote, et qui, conséquemment en constituent des aliments complets, susceptibles chacun en particulier d'une nutrition parfaite.

Dans les céréales, le principe azoté consiste essentiellement dans le gluten, matière élastique dont la plasticité est la source des propriétés panifiables qu'elles possèdent toutes à des degrés plus ou moins élevés.

Dans la pomme de terre et le sarrasin, le gluten est remplacé par une matière albuminoïde nutritive, mais dépourvue de la faculté de panification. Enfin, la matière azotée des légumes secs réside dans la légumine, qui est aussi non panifiable.

On voit donc par ce qui précède, que si la pomme de terre, le sarrasin, les légumes secs, peuvent réellement nourrir, les céréales seules sont susceptibles de fournir du pain. Il y a, conséquemment lieu, dans l'ordre économique, à distinguer ces denrées en deux catégories, celle des substances *panifiables* et celle des substances *non panifiables*.

Toutefois, leur richesse alimentaire est bien moins fixée à cette propriété, qu'à la proportion de matières azotées qu'elles renferment. Le rôle réservé aux principes à prédominence de carbone ou d'hydrogène restant limité à fournir des matériaux à la fonction si importante de la respiration, tandis que les produits immédiats contenant de l'azote, sont considérés comme seuls assimilables. C'est même sur la proportion d'azote qu'elles contiennent que les agronomes et les chimistes ont essayé d'estimer comparativement la valeur nutritive de toutes les substances employées à l'alimentation de l'homme et des animaux. A cet effet ils ont dressé des tableaux de leur équivalence comme puissance alimentaire ; mais, sous ce rapport, les données fournies, par la pratique et par la théorie, n'ont obtenu jusqu'ici qu'une concordance assez imparfaite, et qui ne saurait être suffisante pour des travaux exigeant beaucoup d'exactitude ; toutefois, alors que, comme dans la circonstance présente, des chiffres approximatifs sont acceptables, on peut encore, tels qu'ils sont, essayer d'en tirer un parti utile.

C'est en nous fondant sur cette dernière considération, que nous avons choisi dans les tableaux de ce genre, publiés jusqu'à ce jour, les rapports en poids qui paraissent devoir égaliser la puissance nutritive des diverses denrées provenant de la culture des céréales et de leurs annexes : nous n'admettons cependant ces rapports que comme susceptibles de rectification.

Cela dit, le quintal métrique de blé étant supposé pris pour unité et représenté par une puissance nutritive de 100, le calcul fait connaître que pour obtenir une somme d'effet nutritif égale au froment, il faut pour :

Le macaux,	100 kil.
Le méteil,	112
L'épeautre,	146
Le seigle,	124
L'orge,	118
L'avoine,	108
La pomme de terre,	670
Le sarrasin,	110

Les légumes secs, { fèves, 46 ; haricots, 50 ; pois, 54 } 50

En ramenant sur les bases de l'unité nutritive la production des farineux disponibles dans le département du Nord et dans l'ensemble de la France, on arrive aux résultats suivants :

	NORD.	FRANCE.
Froment disponible (compris macaux),	1,996,752 q. m.	44,153,194 q. m.
Méteil disponible,	28,039	6,515,915
A reporter.	2,024,791	50,669,109

	Report. . 2,024,791	50,669,109
Epeautre,	34,139	74,236
Seigle,	162,205	13,347,551
Orge,	254,605	7,520,357
Avoine,	681,736	17,063,861
Maïs,	»	3,529,933
Pommes de terre,	179,315	10,091,082
Sarrasin,	1,381	4,492,642
Légumes secs,	567,646	3,146,962
Totaux. .	3,905,938	109,935,733

Ce tableau modifie profondément les données fournies précédemment par les quantités de production disponibles exprimées en volume ou en poids; il démontre que la 28e partie de la richesse alimentaire de la France est produite par le département du Nord, et que la part qui pourrait y être dévolue à chaque individu, est de

338 kil. de matières nutritives.

Tandis que cette quote-part pour la France entière, ne serait que de

314 kil.

Mais ces proportions excèdent les besoins de la subsistance humaine, et nous allons voir qu'une part importante en est réservée pour d'autres usages.

Usages et Préparations diverses des Céréales et de leurs Annexes.

Avant que la masse des farineux disponibles n'arrive à sa destination essentielle, la nourriture de l'homme, plusieurs industries viennent y puiser les matières premières qui les mettent en activité. L'économie du bétail en détourne tout d'abord une portion considérable pour la restituer ensuite sous la forme de force motrice ou de denrées telles que la viande, le lait, le beurre, le fromage, la laine, le cuir, etc. La fabrication de l'amidon, celles de la fécule, de la bière, des eaux-de-vie de grain en absorbent, non sans compensation toutefois, une autre partie très-importante. L'art de la meunerie sépare en outre de la portion restante, des déchets et résidus qui s'ajoutent et augmentent l'approvisionnement destiné au bétail. Enfin, ce n'est qu'après les opérations pratiquées par la boulangerie, que les récoltes céréales et féculentes ainsi atténuées par des emprunts et éliminations multipliés, parviennent à satisfaire aux plus impérieux besoins de l'humanité.

Les proportions dans lesquelles a lieu ce partage, constituent une question économique d'un haut intérêt, et qui réagit sur la société entière : elle mérite donc d'être étudiée scrupuleusement, aussi allons-nous, dans les paragraphes suivants, rechercher qu'elles sont les quantités de la production céréale et féculente employées 1° par l'industrie ; 2° comme fourrage ; et 3° enfin comme subsistance sociale.

I. Emploi industriel des Farineux.

Nulle part en France, l'activité industrielle, qui prend sa source dans le travail des céréales et autres récoltes féculentes, n'a atteint un développement aussi considérable que dans le département du Nord, les détails dans lesquels nous allons successivement entrer en ce qui touche la fabrication de l'amidon, de la fécule, du glucose, de la dextrine, de la bière, de l'alcool et du vinaigre de grain, le démontreront péremptoirement.

Amidon.

Tout le monde connaît la substance si fréquemment employée dans l'économie domestique et dans les arts, et qu'on désigne sous le nom d'*amidon*. C'est un principe très-abondamment répandu dans le groupe de produits qui nous occupe et dont l'extraction donne naissance à deux industries très-intéressantes au point de vue agricole. L'AMIDONNERIE et la FÉCULERIE; l'une agissant sur les céréales et particulièrement sur le blé, l'autre sur la pomme de terre.

La première, la plus ancienne, et qui s'était acquise depuis longtemps, dans notre pays, une réputation qui porta au loin le nom des amidons de Flandre, est l'objet exclusif de ce paragraphe. Elle consiste, après avoir moulu grossièrement le grain, à en délayer la farine avec de l'eau, dans de grandes cuves, puis à abandonner le mélange à la fermentation, que l'on hâte par l'addition d'une certaine proportion d'eaux sûres des opérations précédentes. Le travail de décomposition détruit ou dissout le gluten, la liqueur devient acide et l'amidon se dépose ; on le lave et on le tamise à plusieurs reprises, pour le séparer complétement du son ; on le moule et on le dessèche à l'étuve, pour être ensuite livré au commerce.

La statistique industrielle, publiée par le gouvernement, ne porte qu'à six le nombre d'amidonneries qui existent dans le département; la valeur des matières premières employées y est estimée à 155,500 fr., et celle des produits, à 229,340 fr.

Ce relevé est des plus incomplets et ne peut servir à aucune déduction sérieuse. Il résulte de renseignements qui ne laissent aucune incertitude, que neuf établissements de ce genre sont antérieurs au décret de 1810 sur les usines et ateliers insalubres. Depuis, les rapports du conseil central de salubrité du Nord dans la période écoulée de 1833 à 1855, ont enregistré 27 autorisations. Dix ayant cessé depuis de fonctionner, le nombre total des amidonneries en activité se trouve ainsi actuellement fixé à 26, réparties par arrondissement ainsi qu'il suit :

Arrondissements.	Amidonneries.
Lille,	7
Dunkerque,	5
Hazebrouck,	2
Avesnes,	1
Cambrai,	5
Douai,	2
Valenciennes,	4
	26

Les ouvriers attachés à la fabrication de l'amidon, sont au nombre de 144, leur salaire à 1 fr 65 c. par journée, s'élève annuellement à environ 57,000 fr.

Plusieurs des usines, numériquement indiquées ci-dessus, ont reçu une transformation d'une haute importance pour l'hygiène publique ; c'est celle d'être devenues complètement agricoles et de constituer ainsi des annexes d'exploitations rurales où les résidus sont consommés sur place, soit pour l'alimentation du bétail, soit pour la fertilisation du sol. On ne saurait trop encourager cette heureuse innovation qui fait tourner au profit de l'agriculture une source d'incommodités et d'émanations insalubres fort graves, et sous ce rapport les conseils d'hygiène devraient exercer une pression salutaire.

Le froment et le seigle sont les seules céréales travaillées par les amidonniers pour la confection de leurs produits. Toutefois, l'amidon du blé possédant une blancheur plus éclatante, est par cela même justement préféré et entre bien plus abondamment dans le commerce que celui du seigle. On estime que la proportion de leur fabrication est dans le rapport de 6 à 1.

Mais quelles sont les quantités de ces deux catégories de graine absorbées annuellement par cette industrie ? C'est là une question d'autant plus difficile à résoudre que les documeuts officiels ne renferment aucun élément qui puisse aider à en faire le calcul. Forcé d'en référer sous ce rapport à la fabrication elle-même, j'ai consulté les amidonniers tout à la fois les plus honorables et les plus éclairés, et avec toute l'hésitation que doivent dicter naturellement de pareils sujets, ils se sont accordés dans l'estimation d'une moyenne de 800 hectolitres de grain consommés annuellement par chaque fabrique.

Il existe, d'ailleurs, une grande inégalité dans l'activité des amidonneries qui ralentissent leurs travaux pendant les périodes de cherté des blés, pour les reprendre avec plus de vigueur dans les périodes de baisse ; leurs produits étant inaltérables, se prêtent parfaitement à la spéculation, et permettent souvent, défalcation faite des intérêts, de réaliser des bénéfices.

Matières premières. — D'après la base précédente qui varie forcément suivant les demandes du commerce et le prix des matières premières, on peut déduire que l'emprunt fait par l'amidonnerie à chaque récolte de céréales équivaut à moins d'un centième de cette récolte, et peut être évalué à

20,800 hectolitres,

dont 17,335 hectolitres en froment et 3,465 hectolitres en seigle, c'est le produit d'environ

860 hectares.

Suivant les prix moyens du commerce indiqués dans le cours de cet ouvrage, les matières premières de l'amidonnerie s'élèveraient à une valeur totale annuelle de

425,544 fr.

Production industrielle. — Elle peut être calculée sur la base de près de 50 kil. d'amidon par hectolitre et demi de blé ou de seigle, et varie de 39 à 45 p. °/₀ du poids du grain.

L'ensemble de ces sortes d'usines fournirait donc ainsi approximativement

693,360 kil. d'amidon,

Ayant un prix de vente qui subit toutes les variations du prix des céréales et qui, durant la dernière période décennale, aurait été à raison de 62 fr. 75 c., d'environ

435,083 fr.

Résidus.—*Les déchets* des amidonneries ont une grande utilité agricole, ils consistent en *son, eaux sûres, eaux de lavures et gluten*.

On estime à

13,200 hectolitres

Le son provenant du travail des amidonneries : l'équivalent nutritif de ce produit n'a pas été déterminé ; cependant, l'expérience a prouvé qu'il se montre un peu supérieur à celui de la pulpe de la betterave sortant des presses, en sorte qu'il pourrait être représenté par 300, le foin terme de comparaison étant fixé à 100, d'après cette base, la totalité du son des amidonneries, équivaudrait à 6,600 quint. de foin, ou au produit de 188 hectares de prairies naturelles.

La valeur de ce déchet à 0,40 cent. par hectolitre, est de

5,280 fr.

Les eaux sûres sans mélange d'eaux de lavage, peuvent donner, à raison de quatre tonneaux par hectolitre de grain employé, un engrais liquide, dont la puissance de fertilisation est au moins égale à celle de l'engrais flamand, et dont la quantité totale étant de

100,000 hectolitres,

vaut 50,000 q. m. de fumier de ferme. A 0,10 centimes l'hectolitre, ces eaux atteignent une somme de

10,000 fr.

Enfin , *les lavures* , plus particulièrement destinées à la nourriture des porcs, fournissent

10,000 hectolitres.

représentant 2,000 q. m. de foin, ou la récolte de 55 hectares
de prairie. A 0,50 c. l'hectolitre, le total de ce genre de résidu,
équivaut à une nouvelle valeur de

5,000 fr.

Gluten. — Dans le voisinage des grands centres industriels ,
le gluten est séparé des lavures pour l'employer au collage des
tapisseries ou au parement de la chaîne des étoffes. Il se paie
40 centimes le kil. Mais son extraction affaiblit la qualité nutritive
des lavures et conséquemment leur valeur.

L'épuration de l'amidon exige une grande quantité d'eaux de
lavage trop affaiblies pour pouvoir être recueillies avec avantage ;
leur déperdition n'est pas sans inconvénients pour la salubrité ; il serait fort à désirer qu'on les employât en irrigation
sur les terres, qui en fixeraient les principes fermentescibles au
profit de la végétation. On tarirait ainsi dans sa source une cause
d'émanations, sinon très-malsaines, du moins fort désagréables.

Récapitulation de la valeur des produits. — L'industrie de l'amidon, dans le département, se résume dans les
chiffres suivants :

Valeur de l'amidon fabriqué,		435,083 fr.
»	du son,	5,280
»	des eaux sûres,	10,000
»	des lavures,	5,000
Total général		455,363
La valeur des matières premières, étant de		425,544

Il ne reste pour frais de main-d'œuvre
et bénéfice industriel, que   30,819

On admet généralement que la valeur des déchets couvre les
frais de fabrication. Le bénéfice net et total de cette industrie,
se réduirait, donc sur cette donnée, à environ

10,000 fr.,

c'est-à-dire à la minime moyenne de

400 francs par usine.

Mais ce sont généralement les grains avariés et de bas prix qui entrent dans la fabrication de l'amidon, et il y a lieu sous ce rapport à augmenter le chiffre du bénéfice.

Fécule.

L'art du féculier est d'une origine beaucoup plus récente que celui de l'amidonnier; il a pris naissance il y a environ une vingtaine d'années, s'est développé rapidement, puis a été arrêté dans son essor et a même rétrogradé par suite de la maladie qui sévit sur la généreuse parmentière, la ressource du pauvre dans les moments difficiles.

Cette industrie a été introduite et montée en grand, dans notre populeux et fertile département, par M. E. Defontaine, ancien Président du Tribunal civil de Lille, à l'obligeance duquel nous devons la plupart des détails qui vont suivre. C'est à son imitation que des établissements importants y ont été fondés d'une manière tout à fait manufacturière, à l'aide de procédés mécaniques perfectionnés, dans lesquels la machine à vapeur est venue remplacer le travail manuel. Rien n'est plus simple que ce genre de fabrication : des hommes apportent les pommes de terre, les jettent dans une trémie, d'où elles tombent dans un premier laveur mécanique; de celui-ci, dans un second, qui finit de les nettoyer, et de là elles sont portées sur la trémie d'une forte râpe : un homme ou un enfant les pousse sous le cylindre dévorateur, qui marche à une vitesse de 800 tours à la minute. La pomme de terre n'y est pas plutôt entrée, qu'elle y est réduite en une espèce de bouillie, que certains féculiers appellent gachis; la pulpe est aussitôt enlevée par une chaîne à godets, qui la monte et la verse sur un premier tamis, où elle est bien lavée et épuisée; de là, l'eau chargée de fécule passe dans un second bassin, dont la toile métallique est plus serrée; les eaux des deux tamis se rendent dans un réservoir commun, d'où un conduit en bois les dirige dans des citernes en maçonnerie construites en ciment romain. C'est là que la fécule se dépose.

Quant aux résidus, ils ont été séparés des eaux féculentes dans les premières opérations ; restés sur les tamis, ceux-ci les ont expulsés dans une fosse où une chaîne sans fin les a enlevés pour les envoyer au dehors de la fabrique, dans un réservoir qui leur a été préparé, et où les cultivateurs viennent les prendre pour l'alimentation de leurs bestiaux.

La fécule déposée au fond des citernes, y devient ferme et même dure ; les ouvriers armés de mains en fer la retirent, et l'envoient dans de grandes cuves où on la démêle avec des pelles en bois dans de l'eau froide. Après un nouveau dépôt complet, on doit décanter les eaux, laver et brosser la surface de la fécule, qui apparaît alors blanche et brillante ; on la lave cependant encore en la démêlant à coups de pelle, puis après le dernier dépôt, on en remplit différents vases percés de trous et garnis de toiles qu'on nomme *bâchots* ; on vide ces bâchots sur un plancher, puis on divise le contenu par morceaux qu'on place sur les rayons d'un séchoir à l'air.

Enfin, on les enlève de là, on les écrase pour les répandre par couches peu épaisses sur des carrés de toiles, disposées en tiroirs lesquels sont transportés et exposés sur des rayons ou tablettes des étuves, chauffées au moyen de l'introduction de l'air chaud.

Après vingt-quatre heures, la fécule en est retirée, refroidie, passée aux blutoirs mécaniques, mise en sacs de 100 kil., et se trouve prête à être livrée au commerce.

Ce produit, quand il est de bonne qualité, trouve plus particulièrement son emploi dans les arts industriels, chez les apprêteurs d'étoffes, les teinturiers, dans les ateliers de tissage à la mécanique, les fabriques de papiers, etc.

Une usine bien montée, râpe en douze heures 300 hectol. de pommes de terre, et produit environ 3,500 kil. de fécule.

La statistique industrielle ne relate que cinq féculeries dans la circonscription du département du Nord ; elles sont signalées comme employant pour 178,000 fr. de matières premières et produisant une valeur totale de 216,900 fr. ; mais ces chiffres méritent peu de confiance, car il est certain qu'avant l'invasion de la maladie de la pomme de terre, il existait dans le département 11 féculeries sises à Dunkerque, Merville, Marcq-en-Barœul, Marquette, La Madeleine, Wambrechies, Tourcoing, Quesnoy-sur-Deûle, Cappelle et Condé, lesquelles usines se trouvaient réparties dans quatre arrondissements de la manière suivante :

Lille,	7
Dunkerque,	1
Hazebrouck,	2
Valenciennes,	1
Total :	11

Environ 150 hommes et 35 femmes desservaient ces usines, ils recevaient par journée 1 fr. 70 et 0 fr. 85 , ce qui faisait un total annuel du salaire de plus de 80,000 fr.

Six féculeries étaient mues par machines à vapeur.

Matières Premières. — Ces onze établissements précités, qui sont tous en état plus ou moins complet de chômage, et dont un certain nombre ne paraît pas devoir reprendre désormais de l'activité, employaient précédemment dans leur ensemble,

217,800 hectolitres de pommes de terre.

C'est-à-dire le produit d'environ 600 hectares ensemencés en tubercules.

Estimée au prix de 3 fr. l'hectolitre, taux qu'on peut considérer comme normal dans les conditions ordinaires de la culture de la pomme de terre, cette quantité vaut

653,400 fr.

Production industrielle. — En poids, les 2,178 hectol. de tubercules ci-dessus indiqués, équivalent à

16,162,500 kil.,

et donnant en fécule sèche commerciale, à raison de 17 p. %,

2,747,625 kil.

Au prix moyen de 40 fr. les 100 kil., le produit de la fabrication de la fécule s'élève à la somme de

1,009,040 fr.

Résidus. — La pulpe ou résidu parenchymateux, d'abord négligée par les cultivateurs, n'a pourtant pas tardé à être appréciée et recherchée pour la nourriture des bestiaux. L'analyse n'en a pas fixé la puissance nutritive ; mais l'expérience a démontré qu'elle était analogue à celle du son des amidonneries ; aussi, par son prix de 0,35 à 40 c. à l'hectol., semble-t-elle être nivelée avec celui-ci.

Egoûté, ce déchet égale environ 15 p. % du poids des tubercules : mis en silos il se conserve très-bien et fort longtemps ; il y acquiert même de la qualité : calculée sur les bases exposées précédemment, la quantité de pulpe qui était fournie par la féculerie, pouvait aller à

24,000 quint. mét.

ou 60,000 hectolitres (le poids de l'hectolitre étant 40 kil.), lesquels, au prix de 38 c. chaque, atteignaient une valeur de

22,800 fr.

La pulpe, considérée comme fourrage, offrait une ressource représentant 8,000 quintaux de foin, c'est-à-dire la récolte de 222 hectares de prairies.

Les résidus liquides de la féculerie sont bien plus abondants que ceux de l'amidonnerie ; ils réclament aussi plus impérieusement des dispositions destinées à combattre les effets insalubres de leur décomposition spontanée : leur emploi en irrigation sur les terres est une mesure, qui, outre l'avantage de donner une action fécondante à des principes qui produisent habituellement des effets nuisibles sur la santé publique, aurait encore cela de précieux qu'il serait susceptible de donner un profit industriel et un profit agricole.

Récapitulation de la valeur des produits. — La féculerie départementale, alors qu'elle était dans sa prospérité, obtenait des produits pour les valeurs suivantes :

1° Fécule fabriquée. . 1,099,040 fr.
2° Pulpe 22,800
Total. . . 1,121,840

La valeur de la matière première ayant été calculée sur 653,400 fr.

Laisse pour frais de fabrication et bénéfice industriel une somme de 471,440 fr.

Mais depuis, la féculerie est bien déchue de cette splendeur et les deux ou trois seuls établissements qui travaillent encore parfois et irrégulièrement, ne sont pas susceptibles de procurer des données qui puissent faire connaître même d'une manière approximative très-éloignée, l'état présent de ce genre de production et des avantages qu'elle procure.

Glucose.

La fabrication du glucose est une des plus récentes applications de la chimie à l'industrie : elle consiste dans la transformation de la fécule en un principe sucré, identique avec le sucre de Raisin, que les chimistes ont désigné sous le nom de glucose. C'est au promoteur de la féculerie dans le département, au manufacturier habile et intelligent, M. E. Defontaine, que nous devons la seule fabrique qui y existe, et c'est encore à lui que nous empruntons les données chiffrées qui vont suivre.

Son usine est située à Marquette, où elle est complètement distincte de la belle féculerie dont nous venons de parler; elle est munie d'un générateur de la force de dix chevaux, d'une cuve à décomposer la fécule, entièrement garnie de plomb et dont la contenance est de 60 hectol.; il existe de plus dans l'établissement, les ustensiles nécessaires; chaudières à concentrer, rafraîchissoirs, etc.

On décompose à la fois 1,500 kil. de fécule; l'agent de cette décomposition est l'acide sulfurique à 66°. On sature par la craie; on filtre sur du noir d'os, et l'on concentre de 33° à 35°, suivant les emplois auxquels le produit est destiné; il est ensuite versé dans le commerce sous le nom de *sirop de fécule massé blanc.*

La glucoserie de Marquette traite annuellement

100,000 kil. de fécule sèche,

ayant à 60 fr. les 100 kil. une valeur de

60,000 fr.

Le produit obtenu est de

100,000 kil. de glucose,

donnant, au prix moyen de 70 fr. le quintal métrique, une somme de

70,000 fr.

Cette valeur laisse ainsi la faible marge de 10,000 fr. pour frais de fabrication et bénéfice industriel.

La cherté de la matière première ne permet pas à l'usine de M. E. Defontaine de fonctionner en ce moment.

Dextrine.

La matière gommeuse, désignée sous le nom de dextrine, qui résulte de la réaction de certains agents sur l'amidon, a aussi donné naissance a une industrie qui n'a fait qu'une courte apparition dans le département. Il s'en était établi une fabrique à Marcq-en-Barœul; mais elle n'a jamais eu beaucoup d'activité, et a cessé complètement de marcher depuis plusieurs années.

Bière.

Les premières transmigrations qui peuplèrent le nord de l'Europe, apportèrent avec les céréales, l'art d'en extraire un breuvage fermenté, que, sous le nom de *Cervoise*, les conquérants des Gaules, de la Germanie et des Iles-Britanniques, rencontrèrent universellement répandu chez les peuples vaincus. Plus tard, l'extension de la culture de la vigne et de la fabrication du vin en reléguèrent l'usage dans les climats trop froids pour que cette plante délicate y puisse donner des produits vinifiables, et la bière resta la boisson de la France septentrionale, ainsi que celle des pays limitrophes ou de ceux situés à des latitudes plus élevées.

Les procédés de fabrication de la bière remontent à une antiquité fort reculée ; les Egyptiens savaient extraire de la fermentation de l'orge germée et torréfiée, une liqueur spiritueuse qui était leur *zithus* ; les anciens Grecs, si riches de vins de hautes qualités, ne dédaignaient pas, au dire d'Aristote, de s'enivrer de cette boisson ; chez les Gaulois, le grain germé et préparé pour la confection de la cervoise, portait le nom de *Brance*, et c'est de là sans doute, que sont venus le verbe *Brancer* ou *Brasser*, et le substantif *Branseur* ou *Brasseur*. En consultant l'histoire de tous les peuples, même de ceux les moins avancés en civilisation, on trouve que, dès les temps pour ainsi dire primitifs, la plupart d'entr'eux étaient déjà dotés de boissons alcooliques résultant de la fermentation des céréales : tantôt c'est l'eau de riz épaissie, qui est transformée en breuvage de ce genre ; d'autres fois, c'est une sorte de pain torréfié coupé par morceaux, et soumis dans des jarres à une température convenable. Enfin, le millet ou le maïs germés, servent aussi de bases aux liqueurs fermentées de diverses contrées.

Chez les peuples européens modernes, la confection de la

bière, malgré le grand nombre de dénominations qu'on lui donne, ne varie que fort peu et se résume dans les opérations de nos brasseries, où l'on commence par faire germer le scourgeon ou orge d'hiver, dans des locaux appelés germoirs. On arrête la germination, quand la radicule a pris un certain degré de développement, on soumet à cet effet le grain à la dessiccation dans l'espèce d'étuve dite *touraille*. On livre le *malt* ainsi obtenu à la mouture, après quoi on l'infuse dans l'eau élevée à 66°; on délaie, on brasse en portant l'eau à 90°; on couvre la cuve; on laisse reposer quelques heures, puis on soutire l'infusion qui est transvasée dans une chaudière, où on ajoute la quantité de houblon jugée nécessaire pour l'aromatiser et s'opposer à son acidification. Le liquide parcourt ensuite un système de refrigérents, qui en abaisse la température à 15°, il passe de là dans la cuve à fermenter; il se forme à la surface une écume blanche qui devient de plus en plus abondante; on active la fermentation par l'addition d'écumes recueillies dans les opérations précédentes; on ne la laisse pourtant pas terminer dans la cuve; on distribue la liqueur dans des tonneaux où l'écume débordant de la bonde se rassemble dans de petites cuves en bois dites *ménettes*; là elle se sépare en deux parties : l'une, surnageant la bière entraînée par le mouvement de la fermentation; et l'autre plus abondante, se précipite. Ce sont ces écumes qui constituent *la levure*.

Dans quelques grands établissements de brasseries, les progrès de la mécanique ont été mis habillement à profit pour économiser la main-d'œuvre et substituer la force de la vapeur à la main de l'homme; mais malgré ces perfectionnements et les beaux travaux de chimistes modernes, l'art du brasseur est resté au fond, ce qu'il était déjà dans l'antiquité, et les plus lumineuses théories n'ont que bien faiblement modifié les pratiques séculaires.

Nombre de Brasseries. — Dans la période soumise à

nos investigations, le nombre de ce genre d'établissement a peu varié dans le département ; il est en moyenne de 801, le chiffre le moins élevé qu'il ait atteint, est de 787 ; le plus élevé, 811. Leur répartition par arrondissement se fait ainsi qu'il suit :

Arrondissements.	Nombre
Lille,	90
Dunkerque,	90
Hazebrouck,	95
Avesnes,	149
Cambrai,	154
Douai,	78
Valenciennes,	145
Total. . .	801

Pour desservir ces établissements, il ne faut pas moins de 1,800 chevaux, coûtant d'entretien par an, 1,300,000 fr., et de 2,280 ouvriers robustes, dont le prix de la journée étant de 1 fr. 65 c , doit élever la somme annuelle de leur salaire, à 1,250,000 fr., ce qui fait en tout deux millions et demi. Le nombre de machines à vapeur qui leur sont annexées, n'est que de cinq.

Matières premières. — La quantité de grain qui entre dans la fabrication de la bière, n'est pas la même partout ; dans l'arrondissement de Lille, et dans les lieux où la bière jouit de quelque réputation, la dose du malt est généralement de 45 kil par rondelle (tonneau de la capacité de 160 litres) ; à Cambrai, Douai, Valenciennes et Avesnes, cette dose ne dépasse point 35 kil., on peut admettre comme moyenne 40 kil., ou par hectolitre

25 kilog.

Par la germination et la dessiccation, l'orge transformée en malt éprouve une perte en poids de 14 p. %..

On force davantage en houblon les bières faibles, que celles qui contiennent beaucoup de grains. En général, on doit compter 1 kil. par rondelle, ou par hectolitre

625 grammes.

Sur ces données que nous devons à l'obligeance de M. Rousseau, brasseur habile et intelligent, à Lille, la consommation en orge et en houblon a atteint en moyenne, pour les années relevées ci-après :

	Orge.	Houblon.
	758,882 hect.	1,066,597 kil.

Ainsi que cela résulte du tableau qui suit :

	Grains.	Houblon.
1840	708,989 hect.	995,073 kil.
1845	726,721	1,020,959
1846	752,584	1,056,258
1847	681,833	956,959
1848	679,146	953,188
1849	685,201	961,686
1850	769,369	1,079,817
1851	812,279	1,157,541
1852	821,035	1,152,329
1853	852,072	1,195,891
1854	858,471	1,204,872
Moyenne :	758,882	1,066,597

La confection de la boisson populaire du département exige des quantités d'orge qui excèdent de beaucoup celles qu'y laissent disponibles les récoltes de cette céréale. Le déficit moyen dépasse un tiers, puisqu'il est de

297,875 hectolitres.

Il exige pour être comblé le produit de 8,412 hectares, qu'on va puiser dans le département du Pas-de-Calais, et depuis peu d'années dans notre colonie algérienne.

La consommation du houblon surpasse aussi considérablement la production du pays, qui ne figure dans la grande statistique que pour 222,974 kil. Il faut y suppléer par l'importation française ou étrangère, d'une quantité près de cinq fois plus grande.

Réglant la valeur des deux matières premières qui entrent dans la composition de la bière, d'après les prix moyens des dix dernières années, on trouve que :

Celle du grain à 11 fr. 95 c. l'hect., est de   9,068,640
Celle du houblon, à 2 fr. 40 le kil., est de   2,559,832

Total. . . . 11,628,472

Sur cette somme, le département du Nord reste tributaire des contrées limitrophes françaises ou étrangères, d'une valeur,

Pour l'orge, de   3,559,606 fr.
Pour le houblon de   2,024,695

En tout,   5,584,301 fr.

Production de la bière. — Aucune partie du territoire français ne peut égaler, pour ce genre de fabrication, le déparpartement du Nord, où elle s'élève annuellement à

1,704,156 hectolitres,

tandis qu'en 1846, la France entière n'en produisait que cinq millions.

Le Pas-de-Calais vient immédiatement après l'ancienne Flandre, pour cet ordre de produit, il ne fabrique que 352.231 h.

Les Ardennes. 292,880
La Somme. 217,057
Le Bas-Rhin. 183,803
La Seine 158,325

L'activité des brasseries du Nord a éprouvé les inégalités

suivantes, durant les années reprises dans le tableau ci-dessous :

1840	1,592,117 hectolitres
1845	1,631,935
1846	1,690,013
1847	1,531,134
1848	1,525,101
1849	1,538,697
1850	1,727,707
1851	1,824,066
1852	1,843,727
1853	1,913,425
1854	1,927,795

Moyenne :   1,704,156 hect.

On constate, d'après ce relevé, que les années 1847, 1848 et 1849, qui ont été marquées par des crises de subsistance et des agitations politiques, ont vu fléchir sensiblement la fabrication de la bière ; mais à travers ces anomalies, on peut pourtant reconnaître que la production a suivi un mouvement d'augmentation plus rapide que celui de la population, ainsi :

La moyenne des cinq premières années a été de 1,594,060 h.
Celle des cinq dernières années a été de . . . 1,847,344

D'où résulte une différence de. . . 253,286

Ou un accroissement annuel de 3 p. %, ce qui ferait supposer que la production de la brasserie doublerait dans le département en trente et quelques années. Le même phénomène marche plus rapidement encore en ce qui concerne l'ensemble de la France, puisque de 1823, époque où la fabrication était de 2,885,000 hectol., elle est arrivée en 1846, à 5,006,000 hect.

Les 1,700,000 hectolitres de bière provenant de la brasserie du département, renferment

Forte bière,   1,329,242 hectol.
Petite bière,   384,914

Les arrondissements participent à la production de la boisson dont il s'agit, dans les proportions ci-après :

		Forte bière.	Petite bière.
Lille,	418,810 hect., dont	86 p. %	14 p. %
Dunkerque,	100,806	82	18
Hazebrouck,	83,228	96	4
Avesnes,	240,615	75	25
Cambrai,	388,409	67	33
Douai,	141,284	82	18
Valenciennes,	331,004	75	25
Total. . .	1,704,156.	Moyenne, 78 p. %	12 p. %

Dans la première colonne de ce relevé figurent confondues la *bière forte* et la *petite bière* : la première y entre pour les quatre cinquièmes, et la seconde, seulement pour un cinquième, en sorte que le total ci-dessus se décompose ainsi qu'il suit.

Bière forte.	Petite bière.
1,363,325 hect.	340,831 hect.

Suivant que les usages locaux font admettre plus ou moins de grain dans la préparation de la bière, le prix en est plus ou moins élevé ; il varie de 12 à 17 fr. l'hect. pour la bière forte, et de 4 fr. 50 à 7 fr. pour la petite bière. Comme moyenne, on peut adopter

Bière forte.	Petite bière.
15 fr. 75	5 fr.

Sur ces données, l'industrie de la brasserie fournirait une production dont la valeur annuelle moyenne serait de

23,176,523 fr.

divisible comme ci-après :

Bière forte.	Petite bière.
21,472,368 fr.	1,704,155 fr.

Indépendamment de la boisson fermentée, qu'elle a particulièrement pour but de préparer, la brasserie en obtient encore deux accessoires, qui sont la *levure* et la *drèche*.

Levure. — L'utilité de ce produit pour la confection du pain, avait été découverte par les Gaulois, auxquels Pline en attribue tout l'honneur ; néanmoins, sous le règne de Louis XIV, la Faculté de médecine voulut proscrire comme produisant l'empoisonnement, l'usage de la levure employée à la panification : quarante-cinq docteurs contre trente provoquèrent l'ordonnance du lieutenant de police, La Reynie, en date du 26 juillet 1669, condamnant l'usage du ferment qui entrait alors depuis un demi siècle dans la confection des pains dits *à la reine*, ainsi nommés, parce qu'on s'en servait primitivement sur la table de Marie de Médicis. La Condamine nous a, dans des vers spirituels, fait l'histoire de cette dispute scientifique, ou

> Il conclut que la mort volait
> Sur les ailes du pain Mollet.

La quantité de levure obtenue dans la fabrication de la bière étant d'environ trois litres par rondelle, ou par hectolitre, de

2 litres.

La production totale doit s'en élever annuellement à

34,083 hectolitres.

Le prix ordinaire en est de 0,35 c. par litre pendant la saison d'hiver, et de 1 fr. pendant l'été ; parfois, cette surélévation atteint le chiffre de 3 fr., mais par contre, la dépréciation en est quelquefois telle que la valeur en est à peu près nulle.

En adoptant le taux de 35 c. par litre, la levure procure annuellement une valeur de

1,192,905 fr.

Drèche. — Les résidus des grains qui ont servi à la préparation de la bière, constituent une alimentation précieuse pour le bétail et que l'agriculture recueille partout avec avantage et profit.

On calcule que 100 kil. de malt donnent naissance à 4 hect. de drèche, c'est-à-dire précisément à la même quantité que de bière, c'est donc une production égale en moyenne à

1,704,156 hectolitres.

Nous ne connaissons aucune évaluation scientifique de la puissance nutritive de la drèche des brasseries ; mais la pratique séculaire des cultivateurs permet de constater que, par l'enlèvement des principes solubles dans le cours des opérations auxquelles on soumet l'orge pour la fabrication de la bière, on réduit ses propriétés nutritives de moitié ; il en résulte que la quantité précédente correspond à environ

323,790 quint. mét. de foin,

ou au produit de

9,251 hectares de prairies naturelles.

C'est près de la cinquième partie de l'étendue consacrée à la production de l'orge employée dans les brasseries du département.

Diverses circonstances contribuent, tantôt à élever, d'autres fois à abaisser le prix de la drèche ; les limites extrêmes sont de 4 f. 60 à 0,70 c. par hectolitre, et la moyenne de 1 f. 10. Sur cette base, l'industrie de la bière obtient de ce genre de déchet, une valeur annuelle et moyenne de

2,044,987 fr.

Récapitulation de la valeur des produits. — Le travail de la brasserie se résume dans les valeurs ci-après :

1° Bière fabriquée.	23,176,523 fr.
2° Levure,	1,192,905
3° Drèche,	2,044,987
Total. . .	26,414,415

Les matières premières employées dans la
confection de la bière, ayant une valeur de. .   11,628,472

Le bénéfice industriel, les frais de production
y compris la main-d'œuvre, sont couverts par.   14,785,943 fr.

Dans ces chiffres ne figurent pas les droits des contributions
indirectes et d'octroi des communes, qui s'élèvent en moyenne
à 3 fr. 50, et qui donnent en tout un revenu annuel de

$$5,964,546 \text{ fr.}$$

C'est une augmentation considérable, de près de 25 p. %, sur
une boisson salubre de première nécessité, que dans l'intérêt de
la santé publique, les gouvernements devraient s'efforcer de
faire livrer au meilleur marché possible aux populations.

Consommation. — La bière n'étant pas un objet d'expor-
tation, la presque totalité de celle fabriquée dans le département, passe nécessairement dans la consommation locale; la
quantité dévolue par individu est de

$$1 \text{ hectolitre } 47 \text{ litres,}$$

proportion à peu de chose près égale à celle dévolue aux habitants
de la Belgique, mais notablement inférieure à celle des populations
des Iles-Britanniques, où elle paraît dépasser 4 hectolitres. La
quote-part pour chaque membre de la famille française, n'est
guère actuellement que de 14 litres, quoiqu'ainsi que nous
l'avons déjà fait observer, elle se soit accrue de près du double
depuis 25 ans.

HYDROMEL.

Pour compléter l'histoire des boissons vineuses confectionnées
dans le pays, nous ne pouvons omettre de parler de l'hydromel
si célèbre dans l'antiquité des peuples du Nord. Les Scandinaves buvaient cette liqueur dans leurs grandes cérémonies;
elle était promise aux héros morts dans les combats, et devait

leur être sans cesse versée par des femmes ravissantes de beauté, sous les voûtes d'or du Palais céleste ; aujourd'hui encore elle est en honneur chez quelques-uns de leurs descendants, et une partie des populations septentrionales en continuent l'usage.

D'après des renseignements qui n'ont rien d'officiel mais qui paraissent très-probants, il existait il y a quelques années 17 à 18 brasseries d'hydromel dans le département ; elles avaient leur siége dans les arrondissements d'Avesnes, Cambrai, Douai, Valenciennes ; le plus grand nombre s'est éteint sans remplacement, et il n'en existe plus actuellement que

> 3 fabriques à Cambrai,
> 2 à Avesnes,
> 1 à Bavai,
> 3 à Lille.

Total. . 9.

L'hydromel préparé dans le département du Nord, diffère essentiellement de la boisson rafraîchissante du même nom fabriquée dans l'ouest de la France. En notre riche et populeuse circonscription départementale, on en fait une liqueur très-alcoolique et fort analogue aux vins de Madère et de Malaga ; on l'obtient en mêlant 50 kil. de miel roux provenant de la Bretagne, et plus rarement la même quantité de miel blanc du pays dans 1 hectolitre d'eau. On porte à l'ébullition, on écume, puis on livre le liquide de la fermentation dans une étuve ; quand le mouvement tumultueux est achevé, on conserve pour l'usage et il devient d'autant meilleur qu'il est plus vieux. Certaines familles possèdent des recettes traditionnelles pour faire l'hydromel destiné à la consommation ménagère ; ces recettes n'admettent que le miel blanc et contiennent presque toutes divers aromates qui en rehaussent le bouquet et le goût.

On employait naguère environ 150,000 kil. de miel roux à ce genre de fabrication : sur un prix variable de 48 à 56 fr. les 100 kil., en moyenne 52 fr.; cette quantité de matière première peut être estimée valeur 78.000 fr. Mais aujourd'hui que l'industrie de l'hydromel est en décadence, on peut réduire ces chiffres d'un tiers, dont moitié applicable aux brasseries de Lille, l'autre moitié pour les autres brasseries du département.

Le produit de la fabrication autrefois d'environ 3,000 hectolitres, n'est plus approximativement que de 2,000 hectolitres, le prix de vente en gros suit les cours du miel et varie de 40 à 50 fr. l'hectolitre, ce qui donne sur la moyenne de 45 fr., une valeur totale de 135,000 fr. à l'ancienne fabrication et seulement 90,000 fr. à la fabrication actuelle, laissant ainsi une marge dans le premier cas de 62,000 fr., et dans le second de 45,700 fr., pour couvrir les frais de production et constituer le bénéfice industriel.

La consommation de l'hydromel est presqu'exclusivement locale ; cependant on en exporte de faibles quantités dans le Pas-de-Calais, et particulièrement dans les arrondissements de Béthune et d'Arras. Le commerce livre cette liqueur à 55 ou 60 centimes le litre, mais il est surchargé de droits considérables qui tendent à en restreindre chaque jour davantage l'usage qui est déjà tellement minime, qu'il n'équivaut qu'à moins de deux décilitres par habitant.

ALCOOL.

L'un des phénomènes économiques les plus curieux de notre époque, a été la translation, si non définitive, du moins momentanée, de l'industrie de l'alcool du Midi de la France vers le Nord, dès que les désastres de l'oïdium eurent pour ainsi dire tué la source de cette branche importante d'activité dans les pays vignobles.

Préparée par les savantes recherches de Raspail, Payen, Dumas, Dubrunfaut, cette révolution a été accomplie avec une rapidité étonnante et un succès qui témoignent de la haute puissance acquise, de nos jours, par l'intime association de la science avec l'industrie et l'agriculture.

L'antiquité grecque et latine ne connaissait point l'art d'extraire l'alcool des liqueurs fermentées ; ce fut Arnault de Villeneuve qui en fit la découverte au XIVᵉ siècle, et qui dota ainsi la France méridionale d'une industrie féconde et jusque dans ces derniers temps prospère. Les peuples du Nord privés par leur climat de la possibilité de cultiver la vigne, confectionnaient, depuis les époques les plus reculées, avec les farineux, des boissons vineuses, dans lesquelles il était rationnel de rechercher le principe obtenu de la distillation du vin. Les Hollandais réussirent les premiers dans cette entreprise, et en constituèrent une industrie, dont ils faisaient un monopole et un mystère, et qui, pour cette raison, resta longtemps concentrée chez eux. Le secret de leurs procédés pénétra cependant sur la fin du siècle dernier dans les diverses provinces des Pays-Bas et du Nord de l'Allemagne, où il donna naissance à des distilleries agricoles, source de richesse pour ces pays.

A l'alcool de vin et de grain vint se joindre, il y a une cinquantaine d'années, l'alcool de pommes de terre que Villiez, chimiste agronome français, fixé dans le Palatinat, produisit en grand sur son exploitation, et dont la fabrication s'étendit ensuite partout où les distilleries de grain s'étaient répandues.

A une époque plus rapprochée de nous, c'est-à-dire en remontant à une quinzaine d'années, les mélasses, résidus de la fabrication du sucre indigène, entraient en ligne comme matières propres à la distillation, et commençaient à verser de grandes quantités d'un nouveau spiritueux dans le commerce.

Enfin, nous avons vu en dernier lieu, au milieu d'une sorte de fièvre d'émulation pour la découverte de nouveaux alcools, sortir avec plus ou moins d'éclat et de succès, les eaux-de-vie de jus de betterave, d'asphodèle , de fécule, de raisins secs, de Dari, etc.

Nombre de distilleries. — Jusque dans ces derniers temps, le nombre de ces établissements avait peu varié, et pouvait, en moyenne , être d'environ

61.

Ils étaient répartis comme il suit dans les arrondissements :

Lille,	16
Dunkerque,	6
Hazebrouck,	»
Avesnes,	
Cambrai	2
Douai,	11
Valenciennes,	21
Total. . .	61

Dès 1853, une partie des sucreries indigènes ayant été tout-à-coup transformées en distilleries, le nombre de ce genre d'usine fut instantanément presque doublé. Voici, du reste, la quantité de distilleries mises en activité dans le cours des années reprises au tableau ci-après :

1840	53
1845	55
1846	59
1847	58
1848	57
1849	40
1850	58
1851	59
1852	57
1853	65
1854	152

DE LA FABRICATION DE L'ALCOOL.

Nous ne pourrions, sans dépasser les limites du cadre que nous nous sommes imposées, entrer dans les détails de fabrication des diverses industries qui ont pour base la distillation : nous nous contenterons de dire quelques mots de celles qui ont pris racine dans le département.

Eau-de-vie de grain.

Pour obtenir ce produit, on emploie exclusivement dans nos distilleries le seigle et l'orge germée, moulus ou écrasés, mélangés dans la proportion de à 175 kilog. du premier, sur 30 à 45 kilog. du second, en moyenne 40 : on délaie dans 17 hectolitres d'eau qu'on maintient à 75° jusqu'à ce que la saccharification de la matière amilacée soit aussi complète que possible; pendant ce temps on agite la masse, puis on y ajoute de la levure de bière, et on laisse fermenter dans des cuves à une température de 25° à 30°. Quand la transformation du sucre est opérée, on fait passer le liquide dans l'appareil distillatoire, où se fait l'extraction de l'alcool qu'on rectifie au degré voulu, puis on le recueille dans des citernes étanches et parfaitement closes, d'où on ne le retire que pour être livré au commerce. Quand le liquide des cuves a été épuisé de la plus grande partie de l'alcool qu'il contient, on le retire de l'appareil, pour le diriger dans des réservoirs citernés. Ces résidus, qu'on nomme drêche, sont ensuite distribués aux bestiaux, qui en sont fort avides, et pour lesquels ils sont une excellente et surtout une très-riche nourriture.

Le personnel d'ouvriers attachés à cette industrie s'élève seulement à environ 70. Leur salaire est de 2 fr. 50 c., d'où il ressort une dépense de 52,500 fr. de frais de main-d'œuvre. Le tiers des distilleries possèdent des générateurs.

La quantité de l'alcool à 96° degré obtenue de 100 kilog. de grain, est de

27 litres 1/2.

La drèche résultant de l'opération, est égale à

7 hectolitres 1/2.

Matières premières. — D'après les proportions indiquées plus haut, et sur une moyenne de fabrication annuelle que nous verrons plus tard être de 21,653 hect., la distillation de grains absorbe dans le département, 78,735 quintaux de grains, dont

14,649 q. d'orge,
et 64,090 q. de seigle,

Suivant Messieurs Lens et Clayssens, habiles distillateurs à l'obligeance desquels nous devons la plupart des détails techniques contenus dans cet article, l'orge employée dans la distillation ne pèserait en moyenne que 58 kil. l'hect.; d'un autre côté l'orge ayant subi par la germination et la dessiccation une freinte de 14 p. %; il en résulterait que les poids ci-dessus correspondraient à

28,793 hect. d'orge.
91,557 — de seigle.
———————
en tout 120,350.

C'est une quote-part de 10 litres de céréales par habitant.

L'industrie de l'alcool consomme donc la seizième partie de la production départementale de l'orge, et les trois septièmes de celle du seigle, ou l'équivalent de la récolte de

813 hectares ensemencés en orge,
et 4,605   id.   en seigle.
———————

Offrant un total de 5,418 hectares.

Calculées sur les prix moyens, des dix dernières années, 12 fr. 94 c. et 14 fr. 91 c. ces matières premières s'élèvent à une valeur

Pour l'orge, de .   372.584 fr.
Pour le seigle de 1,365,115

Ensemble 1,737,696 fr.

Production. — Quoique très-variable, la production des distilleries de grain, est suivant les moyennes adoptées ci-dessus, de

21,653 hect. d'alcool à 96°,

dont les trois quarts sont distillés dans l'arrondissement de Lille.

L'élévation des prix des alcools dans ces dernières années, ne permet pas dans l'estimation de la production de nos distilleries de grain pendant le cours de la dernière période décennale, d'adopter le taux de 54 fr. 25 à l'hectolitre repris dans la statistique générale : en calculant la valeur de cette production sur la moyenne beaucoup plus élevée de 70 fr. on arrive à la somme de

1,515,710 fr.

Drèche. — Les résidus de la distillation des grains, doivent en outre figurer ici pour

1,181,073 hectolitres.

Le prix de vente aux cultivateurs est de 4 à 6 fr. les 15 hectolitres ; soit en moyenne 5 fr. ce qui élève la valeur de la drèche à

393,693 fr.

et donne pour l'ensemble des produits de la distillerie de grains, une somme de

1,909,403 fr.

sur laquelle il reste comme imputable aux frais et bénéfices industriels

171,707 fr.

Emploi agricole des drèches. — Il n'est pas d'industrie qui soit plus féconde pour l'agriculture, que celle de la distillation des grains, dont les résidus sont une source abondante de production animale et de fertilisation des terres.

Consacrée en grande partie à l'engraissement du bétail, la drèche qu'elle fournit est donnée en grande quantité; mais quoique livrée à discrétion, la consommation n'en dépasse pas un hectolitre par tête et par jour, fournissant un accroissement de poids égal à 1 kilog, d'où il résulte que les 1,181,000 hectolitres de résidus résultant des 21,653 hectolitres d'alcool de céréales obtenus dans le département, procurent

1,181,000 kil. de viande,

c'est-à-dire 1 kilog. pour 2 litres d'alcool.

La grande puissance nutritive de la drèche des distilleries n'a rien qui puisse étonner, quand on considère que chaque hectolitre renferme 14 kilog. de grain, qui n'ont rien abandonné de leurs principes azotés à la distillation, et que, malgré une perte de 60 à 70 p. %₀ de leurs principes à prédominence de carbone, ils sont restés, par leurs propriétés assimilatrices, dans leurs conditions primitives. Chaque hectolitre, d'après cette considération, correspondrait à une ration de 25 kilog. de foin, et il faudrait pour remplacer l'approvisionnement total, offert par ces résidus

271,630 quint. de foin,

ou le produit de 7,761 hectares de prairies naturelles, étendue presqu'aussi considérable que celles qui a fourni les matières premières de la fabrication.

Mais là ne se bornent pas les avantages qui résultent pour la production agricole des déchets de distilleries. Sur les 4 kil. 1/2 de matières azotées que chaque hectolitre de drèche contient, un seul est assimilé, et trois et demi sont évacués par les déjections, pour constituer une des plus riches fumures, dosant sèche

5 p. %₀ d'azote, et étant susceptible de se transformer en un peu plus du double de son poids en blé. Sous une forme plus sensible, on peut résumer les avantages des genièvreries, en disant, qu'à côté d'un litre d'alcool, elles créent un demi kilog de viande et 2 kilog de froment. La pratique confirme d'ailleurs parfaitement ces déductions scientifiques, car partout où les établissements de ce genre ont été implantés, la fertilité du sol a pris un essor inconnu avant, et la surabondance des moissons y a surpassé la dépense nécessaire de matières premières pour les maintenir en activité. C'est ce qu'exprime fort bien un proverbe flamand, qui dit, que les distilleries produisent plus de grain qu'elles n'en usent. C'est donc une fatale erreur économique que celle qui a dicté le décret d'interdiction des distilleries françaises, elle a porté tout à la fois atteinte à la production du pain et de la viande.

Eau-de-vie de pommes de terre.

La distillation de la pomme de terre possédait naguère, dans le département, une dizaine d'usines, la plupart annexées à des exploitations rurales où ses résidus servaient à opérer en grand, l'engraissement du bétail. Frappées par des exigences fiscales qui les assujettissaient à un rendement égal à celui des distilleries de grain, ces usines s'éteignirent toutes avant que le fléau de la maladie de la pomme de terre ne vint mettre leur existence en question.

Les procédés de fabrication de l'alcool des tubercules de la parmentière, diffèrent peu, au reste, de ceux qui viennent d'être indiqués pour la distillation des grains. La pomme de terre cuite à la vapeur, est mêlée avec la farine de seigle et l'orge germée et moulue, dans la proportion de 150 kil. de la première substance, sur 75 de la seconde et 50 de la troisième : le tout est délayé et réduit en bouillie liquide, par l'addition de 180 hectolitres d'eau : après la saccharification, on provoque la fermentation dans des cuves, à l'aide de la levure, et on procède à la distillation.

Chaque cuve donne de 30 à 40 litres d'alcool , soit en moyenne 35 litres et 15 à 16 hectolitres de drèche.

Matières premières. — La dizaine de distilleries de pommes de terre qui existaient dans le département consommaient annuellement environ

9,600 quintaux de pommes de terre ou 12,800 hectol.
4,800 — de farine de seigle — 6,859 —
3,200 — — d'orge germée 6,289 —

ou le produit de

105 hectares plantés en parmentière
345 — en seigle
177 — en orge
____
En tout 627 hectares.

La valeur des matières premières était la suivante :

Pommes de terre . . fr. 38,400
Seigle. 92,048
Orge. 66,915
____
Fr. 197,363

Produits. — L'alcool obtenu de ces petites usines ne dépassait pas 2,240 hectolitres à 96°, dont la valeur à 70 fr. l'hectolitre, égale à

156,800 fr.

Les **résidus** consistaient en

96,000 hectolitres

de drèches, qui au prix de 50 cent. l'hectolitre, procuraient une valeur de

48,000 fr.

Ce qui élevait la production totale de cet art agricole à

204,800 fr.

Somme bien peu supérieure au prix de la matière première et qui doit faire supposer que les bénéfices de ce genre d'industrie résidaient essentiellement dans l'engraissement du bétail et dans l'abondance des fumures pour le sol.

La drèche de pommes de terre est moins nourrissante que celle obtenue de la distillation des grains. Sa richesse nutritive peut être estimée un quart en moins; cependant, elle constituait une précieuse ressource pour la production de la viande et pour la fertilisation des terres, et il est très regrettable qu'elle ait été tarie par suite d'erreurs administratives.

D'après M. J. Lefebvre, agronome aussi distingué qu'habile distillateur de la parmentière, le régime des bêtes bovines engraissées avec les résidus de cette distillation consistait, durant les deux premiers mois, en 1 hectolitre de drèche et 5 kilog de foin; pendant la durée du 3e mois, on remplaçait 2 kil. 1/2 de foin, par deux tourteaux de lin ou de colza; enfin chaque jour elles recevaient, en outre, dans le cours des deux derniers mois, 2 kilog. de farine de fèves.

Le contingent fourni à la consommation par la drèche de de pommes de terre pouvait approximativement être estimé à

72,000 kilog. de viande

et représentait le produit de 343 hectares de prairies naturelles.

Alcool de fécule.

En 1854, l'usine de Marquette, si intelligemment dirigée par M. Ed. Defontaine, s'est livrée à la distillation de la fécule de pomme de terre, préalablement transformée en glucose, puis soumise à la fermentation : 1,306 hectolitres avaient déjà été obtenus de cette intéressante résurrection d'une industrie éteinte, lorsque le décret portant suspension du travail des distilleries faisant emploi de matières alimentaires, est venu brusquement clore un début qui promettait beaucoup pour l'avenir.

Alcool de Dari.

Dans ces derniers temps, on a distillé une graminée exotique cultivée en Arabie sous le nom de *Taam* ; en Egypte et dans toute l'Afrique, sous celui de *Dourah* et *Dari ;* en Italie et en Espagne, sous ceux de *Sorgho* et de *Duro,* graminée qui n'est autre que la HOUQUE-SORGHO (*holcus sorgho*) des botanistes. Sa graine fournit un aliment sain et de facile digestion, chez tous les peuples qui la produisent. Pour la transformer en alcool, on lui fait subir les mêmes préparations et on la soumet aux mêmes appareils que pour la distillation du seigle et de l'orge ; on en obtient 21 à 22 litres d'alcool à 96° par 100 kilog.

Les résidus de la distillation du Dari sont pris avec avidité par les bestiaux, et les cultivateurs estiment qu'ils ne sont pas moins nutritifs que la drèche de genièvrerie.

Alcool de riz.

Le gouvernement, qui s'était déjà relaché de l'excessive rigueur du décret du 26 octobre 1854, en autorisant exceptionnellement la distillation des blés carbonisés dont on ne pouvait d'ailleurs tirer aucun autre parti et qui provenaient de l'incendie de la manutention de Paris, vient plus récemment de permettre, avec quelques conditions restrictives, la transformation des céréales et farineux avariés, en alcool ; c'est à cette tolérance qu'est dûe l'introduction dans nos localités de la fabrication de l'eau-de-vie de riz, connue dans l'Inde sous le nom d'*arrack.* Quoique cette industrie ne paraisse pas devoir survivre aux circonstances exceptionnelles qui nous l'ont amenée ; nous avons cru devoir pourtant, la mentionner et faire remarquer en terminant, que de l'avis de cultivateurs expérimentés, les déchets de la distillation du riz, paraissent moins nutritifs que ceux de la distillerie de l'orge et du seigle.

Alcool de mélasse indigène.

Pour ne pas scinder ce qui concerne la production alcoolique du département en plusieurs sections, nous exposerons succinctement ici les faits généraux qui se rattachent à la distillation des autres substances que celles des matières farineuses.

Dans ce nombre, la première qui se présente en date et en importance, est incontestablement celle des mélasses indigènes. Née vers 1835, du développement et des progrès de la sucrerie de betterave, cette industrie a grandi rapidement, et a fini par l'emporter de plus du double sur son aînée, la distillerie de grain.

La transformation de la mélasse en alcool s'opère aisément ; il suffit de l'étendre d'eau, de manière à ce qu'elle ne marque plus qu'environ 5 et demi à 6 degrés densimétriques et d'y ajouter de la levure afin de provoquer la fermentation, qui s'établit rapidement. Lorsque tout le sucre est transformé, on distille le vin et on en rectifie les flegmes jusqu'à 96° de l'alcoomètre centésimal.

Quel que soit le degré de concentration de la mélasse obtenue dans les sucreries indigènes, elle est ramenée, pour la livrer au commerce, à environ 40 degrés de l'aréomètre de Beaumé. En cet état, on estime que 100 kil. de cette matière première peut donner environ

23 litres d'alcool.

Quatre arrondissements participent seuls à ce genre de fabrication : ce sont, dans l'ordre décroissant de produits obtenus, ceux de Valenciennes, Lille, Douai et Cambrai : le premier a une grande prépondérance, puisqu'isolément il produit près du double des trois autres.

Matières premières.—Il est difficile de suivre la marche d'une fabrication qui, dans l'espace de dix ans, a plus que décuplé et s'est élevée du produit d'une dizaine de mille hectolitres à 93,000. Néanmoins, calculée sur la moyenne annuelle de

37,335 hectolitres,

on peut admettre qu'elle a exigé un approvisionnement moyen annuel de

162,326 quint. mét. de mélasse,

chiffre qui représente les trois quarts de la quantité de cette matière provenant des fabriques de sucre du département du Nord; ce qui indique, que le principal emploi de ce déchet de fabrication, réside dans la distillation.

Les limites entre lesquelles se meut le prix des mélasses indigènes sont fort étendues ; ce prix varie entre 10 et 30 fr. les 100 kil. ; en prenant pour moyenne 15 fr., on déduit que la valeur destinée à l'alimentation des distilleries, arrive à environ la somme de

2,443,890 fr.

Produits. — Sur la base citée ci-dessus, d'une production moyenne annuelle de 37,335 hectolitres à 96°, la distillation départementale de la mélasse, calculée sur le prix de 70 fr. l'hectolitre, ne procure qu'une somme de

2,613,450 fr.

Résidus. — Il est vrai qu'un produit accessoire, celui des salins de vinasse, vient s'ajouter à cette somme. Pour l'obtenir on évapore les vinasses, on livre à la calcination l'extrait qui en provient, et on recueille en salin brut 10 p. % du poids de la mélasse distillée, ce qui donne pour la moyenne décennale reprise dans le présent paragraphe,

16,232 quint. mét.

Ce salin est composé de 50 p. %, de carbonate de potasse et de soude ; 25 p. %, de chlorure de potassium, et sulfate de potasse, et 25 p. %, de perte et matières insolubles. On vend ces produits aux grands établissements qui s'occupent d'une manière spéciale de leur raffinage. Le prix varie selon le titre ; il est de 38 à 42 fr. les 100 kil. soit en moyenne 40 fr.

Ce qui en élève la production totale ci-dessus, à une valeur de

649,280 fr.

L'ensemble de la fabrication de l'alcool de mélasse arrive ainsi à la somme de

3,262,730 fr.

Consommation. — C'est spécialement dans l'industrie, pour la formation des vernis, les dissolutions résineuses , que s'emploie l'alcool des mélasses. Cependant, depuis les progrès accomplis récemment dans l'art de la rectification, il est certain qu'une notable partie en est consommée par la population aprè réduction à 45 ou 50°.

Alcool de mélasse exotique.

En dernier lieu, à la faveur du prix exagéré des spiritueux et des facilités offertes à l'importation des mélasses exotiques, celles-ci sont venues prendre part à la grande activité du travail des distilleries. En 1855, près de 1 million de kil. de ce produit ont été transformés, dans le département du Nord, en plus de 3,000 hectolitres d'alcool ; c'est un fait qui restera sans doute exceptionnel dans l'histoire de l'industrie de la distillation, mais que nous avons cru toutefois devoir mentionner pour compléter ce que nous avons dit dans le paragraphe précédent.

Alcool de betterave.

Diverses tentatives ont été faites depuis une quinzaine d'années pour confectionner de l'alcool avec de la betterave, mais elles étaient restées infructueuses jusque dans ces derniers temps, où un éminent chimiste industriel, M. Dubrunfaut, auquel la ville de Lille s'honore d'avoir donné naissance, vint enseigner qu'il fallait préalablement à la mise en fermentation, opérer par une réaction acide, la transformation du sucre cristallisable contenu dans la racine saccharifère, en glucose ou sucre incristallisable : cette découverte, qui coïncidait avec les ravages de l'oïdium et leur conséquence forcée l'inactivité des brûleries de vin, fit surgir tout-à-coup une grande et puissante industrie, qui substitua presqu'immédiatement aux produits spiritueux de la vigne, ceux de la betterave.

Le nouveau genre de fabrication présente diverses variétés de procédés, qu'il n'entre pas dans notre plan d'exposer ici avec détails. Nous nous contenterons de dire :

1° Que la méthode la plus généralement répandue consiste à râper et presser les betteraves, à en étendre le jus à 4°.5 ou 5° densimétriques, puis à y additionner de 2 à 3 millièmes en volume d'acide sulfurique à 66° ou une quantité proportionnelle à 53° ce qui coûte moins cher. On provoque la fermentation par une température de 26° à 27°, aidée de l'action de 1 p. % de levure de bière liquide, préalablement délayée dans l'eau. Le pied de cuve ainsi préparé, continue son mouvement par la seule addition du jus, sans qu'on soit obligé d'y ajouter de la levure. Lorsque le travail est arrivé au degré convenable, on introduit le liquide dans les colonnes distillatoires comme dans la fabrication des autres sortes d'alcool ;

2° Que dans le procédé Champonnois, on coupe la racine en petits fragments et on l'épuise par lixiviation à l'eau chaude acidulée dans les proportions ci-dessus indiquées. Quand l'opération est en train, on épuise les cossettes avec les vinasses bouillantes, additionnées d'une nouvelle quantité d'acide.

3° D'après le système Leplay, pour le premier travail on prépare un bain à la température de 26 à 27°; on y plonge les cossettes de betteraves; on acidule comme dans les cas précédents, et on y additionne de même la levure. La charge ordinaire d'une cuve est de 2,000 à 2,500 kil. de betteraves coupées en lanières ou en parallélipipèdes, au moyen d'un coupe racine. Le bain doit recouvrir complètement les cossettes.

Quand la fermentation a cessé, on retire les fragments avec un filet, on les place dans un panier au-dessus de la cuve pour les égoutter, puis on les porte dans un appareil spécial possédant des diaphragmes transversaux sur lesquels on les dépose par étages, et où ils sont soumis à l'action de la vapeur, qui dégage et rassemble l'alcool formé pendant le travail dans les cellules de la racine.

On immerge successivement de nouvelles charges de cossettes dans le bain, on y ajoute la même dose d'acide, mais sans levure, et on traite comme la première charge;

4° Suivant le procédé Dubrunfaut, la betterave coupée en petits fragments comme il est dit ci-dessus, est introduite dans une série de cuves dites *macérateur*; on l'épuise par lixiviation d'eau froide acidulée de 2 à 3 millièmes d'acide sulfurique; c'est seulement la première eau qui est acidulée, l'eau de lavage ajoutée ensuite pour épuiser totalement, ne l'est pas, c'est pourquoi les cossettes épuisées ne contiennent que des traces insignifiantes d'acide. Le liquide qui a épuisé la betterave marque trois degrés au densimètre, on le met en fermentation par le même moyen que dans les méthodes qui précèdent, et quand cette opération est terminée, on distille avec des appareils ordinaires.

Par ces divers procédés, on obtient ordinairement 1 litre d'alcool rectifié par degré densimétrique de l'hectolitre de jus, c'est-à-dire qu'un hectolitre de jus marquant 5° avant la fermentation, donne 5 litres d'alcool de 92 à 96°. Le système Leplay procure cependant un peu plus. Ce rendement correspond exactement à une moyenne de

3 litres d'alcool absolu par 100 kil. de betterave.

Nombre de distilleries de betterave. — La quantité d'usines consacrées dans le département à cette distillation, a été subitement portée vers 1853 à 1854, du nombre de 65 à 152, par suite de l'invasion de la nouvelle industrie betteravière de l'alcool; un tel accroissement n'aurait pu être ainsi improvisé, si près d'une centaine de sucreries indigènes n'avaient été détournées de leur destination première, pour être transformées en grands établissements de distillerie ; il en est résulté au profit de la production de l'alcool, une réduction des deux tiers de la fabrication du sucre.

Matières premières. — Avec le rapide et récent développement de l'industrie de l'alcool de betterave, on ne saurait saisir aucune règle de production, et nous sommes contraint d'enregistrer purement et simplement les faits.

En 1853, année de ses débuts, la distillation de jus de betterave a emprunté à l'agriculture

378,733 quint. mét. de betterave.

En 1854, cette quantité s'est élevée à

6,072,366.

C'est le produit pour la première des années précitées, de

1,082 hectares.

Pour la seconde, de

17,349 hectares.

Une extension aussi considérable et aussi subite, serait un miracle agricole irréalisable, si comme nous venons de le dire et comme nous le verrons plus tard, le chômage, en dernier lieu, des deux tiers des sucreries indigènes, n'avait permis d'appliquer une part considérable de leur approvisionnement, à la distillation de la racine saccharifère ; il y a donc eu là, bien plus un déplacement industriel, que création de ressources nouvelles.

Considérées par rapport à leur valeur, les matières premières de l'alcool de betterave ont atteint, en

1853 (au prix de 20 fr. les 1000 kil.)   757,466 fr.
1854 (—   22   —   ) 13,359,205

Production. — La quantité d'alcool à 96° extraite de la betterave dans la circonscription départementale du Nord, a été :

1853   11,362 hectolitres.
1854   182,171   —

Ainsi, indépendamment de la surexcitation donnée à tous les genres de distilleries, le département du Nord a pu créer d'une source nouvelle, près de la cinquième partie de la production alcoolique normale de la France, qui s'élève à

1,088,802 hectolitres.

Remarquons enfin qu'en moyenne, 1 hectare de vigne ne produit que de 3 à 4 hectolitres d'alcool, tandis qu'un hectare en betterave, en donne 10 hectolitres et demi.

Les prix très-élevés des spiritueux ont porté très-haut la valeur des produits de la distillation de la betterave, qui a atteint en

1853 (à 110 fr. l'hectolitre) 1,249,820 fr.
1854 (à 115   —   ) 20,949,665

Ce dernier chiffre représente plus du tiers de la valeur de la production alcoolique française, qui figure dans la statistique pour

59,059,150 fr.

Ces deux années exceptionnelles ont procuré un rendement attribuable à chaque hectare, en

1853, de 1,155 fr.
1854, de 1,207

Déchets. — La distillation de la racine saccharine donne naissance à d'abondants résidus qui consistent 1° dans les pulpes; 2° les vinasses; 3° les eaux de lavage des betteraves; et 4° les eaux de condensation.

Pulpes. — Suivant les procédés employés dans les usines pour la transformation des jus de betterave en alcool, la pulpe qu'on en obtient conserve une richesse nutritive très-inégale, et qui se résume dans le tableau suivant extrait d'un excellent travail sur la matière publié par mon savant ami et collègue M. Meurein.

Composition des pulpes des distilleries de betterave

	QUANTITÉ p. 0/0.		AZOTE p. 0/0 de la pulpe.		Equivalence au foin des prairies naturell.	Prix de 1000 k. d'après la richesse en azote.
	d'eau.	matière sèche.	humide.	sèche.		
Pulpes de râpes et presses	68,7	31,3	0,3997	1,277	303	15 fr.
Pulpes Champonnois...	88,6	11,4	0,2899	2,478	417	10,87
Pulpes Leplay	91,15	8,85	0,2106	2,380	575	7,87
Pulpes de macération à froid...........	92,9	7,1	0,1216	1,713	999	4,54

La quantité totale de pulpe délaissée par la fabrication qui nous occupe, peut être évaluée, à raison de 25 p. % du poids de la betterave employée, en

1853, à   94,683 quint. mét.
1854, à 1,518,091   —

Ayant une valeur sur le taux moyen, de 8 fr. les 1,000 kilog.

1853,   75,746 fr
1854,   1,214,472

En tenant compte de l'affaiblissement des propriétés nutritives des pulpes traitées par des méthodes de fabrication autres que celles par les presses, on trouve que leur équivalent étant d'environ 400, ces résidus ont dû représenter en

1853,   23,671 quint. mét. de foin, produit de 676 hectares de prairies naturelles.

1854,   379,523   —   10,843 —

Ces dernières données chiffrées démontrent, que si la distillerie de betterave a exigé pour matières premières une surface, en 1853, de 1082 hectares, et en 1854, de 17,349 ; elle a restitué en denrées fourragères un produit correspondant à 676 et 10,843 hectares de foin de prairies naturelles, c'est-à-dire 62 p. % de l'étendue qu'on lui avait consacré.

Emploi des pulpes. — L'utilisation des pulpes délaissées par les divers systèmes de distillation de la betterave, est une question qui a acquis une grande importance, non seulement au point de vue de l'intérêt agricole, mais encore et plus particulièrement sous celui d'une production abondante et économique de denrées animales.

L'emploi de ces déchets, lorsqu'ils proviennent du travail de la distillation par la râpe et les presses, diffère un peu de celui des pulpes provenant des sucreries opérant l'extraction du jus de betterave par les mêmes moyens mécaniques, parce qu'avant l'expression, les distillateurs mélangent leurs pulpes avec une plus grande quantité d'eau que les sucriers. On les administre communément à raison de 40 kil. par jour et par tête de bétail, en les associant à d'autres produits fourragers très-substantiels, tels que les tourteaux, les fèves. Cette ration de 40 kilog. ayant pour équivalent 303, correspond à celle de

13 kil. 2 de foin, et réclame pour être portée de 18 ou 20 kil. en foin, un complément d'une valeur nutritive de 5 à 7 kil. en d'autres matières riches de principes assimilables.

Les autres pulpes retiennent une quantité d'acide sulfurique libre variable, mais constamment assez faible, pour que la dose n'en puisse être nuisible à la santé des bestiaux ; celle qui en contient le plus résulte du système Champonnois ; elle renferme en outre, souvent aussi, des sels de cuivre et parfois en quantité telle qu'on doit en redouter l'action toxique. Il serait urgent de prévenir ce danger, en neutralisant l'acide avant la distillation.

La plus ou moins grande surabondance d'eau des pulpes de macération et des systèmes Leplay et Champonnois exerce une influence considérable sur les fonctions digestives dont il importe de tenir grandement compte. Pour qu'un animal qui recevrait 40 kil de pulpe de presse incorpore la même quantité de matière supposée sèche, il faudrait porter la ration

> Pour la pulpe Champonnois, à   110 kil.
> —   Leplay, à. . . .   142
> —   de macération, à   176

Or, a capacité et la force des organes digestifs ne se prêtent pas à des exagérations de volume aussi considérable, et dans la pratique on est contraint de réduire énormément ces rations pantagruéliques et, comme conséquence naturelle, d'augmenter dans la même proportion, la partie complémentaire et substantielle du régime des animaux.

Enfin, sous le rapport de la composition et particulièrement de la richesse en principes azotés, les propriétés nutritives de toutes les sortes de pulpes qui viennent d'être énumérées, présentent de très-notoires différences qui demandent à être appréciées par les cultivateurs. Voici dans quel ordre décroissant elles se rangent :

> Le foin de prairie naturelle étant l'unité, représentée par. . . . .   100 kil.

> La pulpe des presses exige pour
> équivaloir. 303
> La pulpe Champonnois. 415
> La pulpe Leplay. 576
> La pulpe de macération. 998

Ces chiffres disent assez qu'elle énorme distance sépare ces diverses qualités de pulpes, considérées comme aliment du bétail.

Vinasses. — Après la distillation de la betterave, il reste par hectolitre d'alcool extrait, 24 à 30 hectolitres de vinasse, liquide chargé de principes putrescibles, qu'on se hâte d'expulser comme matière encombrante et qui va vicier l'air et les cours d'eau à de grandes distances des distilleries ; cependant, d'après d'excellentes recherches analytiques dues à M. Meurein, cette source d'insalubrité et de dommages, renferme une grande richesse fourragère, qu'il importerait de pouvoir utiliser.

Emploi des vinasses pour la nourriture des bestiaux. — Suivant cet habile chimiste :

> Les vinasses par le système des presses contiendraient en
> azote. . . . . 0,1606 p. %.
> Celles par le système de macération. 0,0704
>
> Moyenne . . . . 0,1155 p. %.

En adoptant cette donnée, les cinq millions d'hectolitres de vinasse provenant de la fabrication de l'alcool de betterave, en 1854, auraient possédé une puissance nutritive égale à

> 1,445,086 quint. mét. de pulpe normale.

> Ou de 476,926 — de foin.

C'est-à-dire un produit équivalent à

> 13,626 hectares de prairies.

Écarter le danger des émanations insalubres de cette masse

énorme de matières abandonnées en pure perte à la décomposition spontanée et l'employer au profit de la production du bétail, et par suite à l'augmentation de la fertilité du sol, tel est le problème que M. Meurein a essayé de résoudre dans le travail que nous venons d'avoir l'occasion de citer.

La première difficulté à vaincre consiste dans la présence, souvent en quantité considérable, d'acides minéraux et de sels de cuivre, qu'on rencontre dans les vinasses et qui leur donnent des propriétés vénéneuses : on parviendrait à les rendre utilisables comme aliments, en neutralisant complètement les vins, avant la distillation; déjà des expériences en grand ont été entreprises pour rendre pratiques et industriels les procédés de neutralisation et tout concourt à prouver qu'elles seront couronnées de succès.

Une autre objection contre l'innovation projetée est celle-ci : la matière organique contenue dans le ferment, qui à elle seule renferme la moitié de l'azote des vinasses, est-elle nutritive? les uns disent oui, d'autres prétendent le contraire. Toutefois, à l'appui de l'affirmation, on peut déjà citer plusieurs faits qui n'auront besoin que d'être répétés pour constituer une parfaite démonstration.

Emploi des vinasses à la fumure des terres. — A défaut de pouvoir faire consommer les vinasses des distilleries de betteraves par les animaux et de les transformer ainsi en viande, on rencontre du moins dans leur composition des garanties de leur puissance de fertilisation sur les récoltes. Théoriquement représentées par l'équivalent 355, le fumier normal étant 100, ces matières ont conséquemment une activité un peu au-dessus de la moitié de l'engrais flamand.

C'est à M. Fiévet de Masny et à sa suite, à MM. le docteur Stiévenard, de Valenciennes ; Droulers frères, d'Ascq ; Parsy, d'Annœullin, et Rose, d'Anstaing, qu'on doit les premières expérimentations destinées à faire passer dans la pratique les déductions résultant de l'analyse chimique de ces résidus.

Dans les essais de MM. Fiévet, les vinasses ont été répandues par irrigations sur deux champs, à la dose de 4,000 et 8,000 hectolitres par hectare; la première expérimentation a produit 45,000 kilog. de betteraves; la seconde, 67,000; mais l'arrachage en avait été prématuré, et si la racine saccharine avait acquis son parfait développement, le rendement aurait atteint de 55 à 60,000 dans un cas, et de 80,000 à 84,000 dans l'autre. Toutefois, les jus de ces dernières betteraves, ont donné un tiers moins d'alcool, que les premières, à cause du retard considérable apporté dans leur maturité, par leur luxuriante végétation; en sorte, qu'on peut estimer, que 4,000 hectolitres de vinasse par hectare, constituent un degré de fumure suffisant et qu'il y aurait des inconvénients à dépasser cette proportion.

MM. Droulers, Rose et Parsy ont obtenu des résultats analogues, soit par l'irrigation, soit par l'emploi des dépôts de vinasses abandonnées à l'évaporation spontanée.

Prenant donc pour base les faits qui précèdent; les cinq millions d'hectolitres de vinasses obtenus en 1854 de la distillation de la betterave, auraient dû suffire pour donner une fumure complète à 1,250 hectares, représentant à 500 fr. chacun, un capital de 625,000 fr.

Nous avons insisté sur ce point, parce qu'on y trouve la véritable solution à la question d'insalubrité, reprochée à juste raison aux usines destinées à la fabrication de l'alcool de betterave. L'immense déperdition de liquides chargés de principes corruptibles qu'elles nécessitent, altère l'eau des rivières et des étangs, y fait périr les poissons et force les populations à renoncer à leur emploi pour les besoins de l'économie domestique; les eaux souterraines, elles-mêmes, en deviennent impotables, et les émanations des fossés et des mares qui les reçoivent, menacent sans cesse la santé publique. Des prescriptions administratives d'une exécution difficile, sinon impossibles, ont vainement, jusqu'ici, cherché des remèdes à un pareil état de choses, l'intérêt commun de l'industrie et de l'agriculture sera plus heureux ; l'instinct du lucre, transformera sans effort des principes nuisibles à l'homme et aux animaux, en moyens de fécondation pour les plantes.

Eaux de lavage. — Dans la fabrication du sucre, comme dans celle de l'alcool sous ses procédés variés, il est une opération préliminaire qui leur est commune, c'est celle du lavage des betteraves; nous verrons plus loin, que les eaux qui en proviennent sont aussi très-abondantes, et qu'indépendamment de la terre qu'elles entraînent, elles dissolvent encore des principes solubles azotés, qui les font passer promptement, par la stagnation, à la fermentation glaireuse. Quoique beaucoup moins nuisibles que les précédents, les résidus liquides dont il s'agit, provoquent pourtant souvent les réclamations du voisinage des fabriques, et il est usuel que les arrêtés qui portent autorisation de les ériger, exigent sous ce rapport certaines précautions dispendieuses. Des expériences dues également à l'ingénieuse initiative de MM. Fiévet de Masny, tendent à diminuer, ou même à supprimer ces prescriptions, par l'utilisation des eaux de lavage à l'irrigation et à la fumure des terres. C'est là un service de plus, que ces cultivateurs distingués, auront rendu à l'agriculture. Espérons qu'ils entraîneront dans cette voie beaucoup d'imitateurs.

Eaux de condensation. — Aux déjections liquides qui viennent d'être mentionnées, il faut joindre les eaux de condensation des appareils distillatoires : celles-ci, ne sembleraient pas devoir offrir d'éléments de nutrition aux végétaux, cependant, des observations faites par les deux habiles agriculteurs qui viennent d'être cités, prouvent qu'elles sont douées d'une fécondité remarquable sur les récoltes qui en reçoivent des irrigations : les vérifications de la science en y révélant en effet la présence de faibles quantités d'ammoniaque, viennent confirmer pleinement les inductions de l'expérience. C'est là encore un nouvel exemple des avantages de l'association de la science et de l'industrie avec l'agriculture, placées sous une direction éclairée et intelligente.

On voit par les développements qui précèdent, que la fabrication de l'alcool de betteraves est une industrie encore en évolution, et qui, pleine de sève et d'espérance, n'a pas dit encore son dernier mot.

Alcool de raisins secs.

Pour terminer la série des matières dont on a extrait l'alcool dans ces derniers temps, nous avons encore à mentionner le raisin sec. Traité exclusivement dans l'arrondissement de Lille, et d'une manière analogue à la méthode de la distillation des grains, on en a obtenu la faible quantité, en 1855, de 531 hectolitres. Il n'est pas d'ailleurs admissible que ce genre de matière puisse, dans des conditions normales, alimenter la distillerie du Nord.

RÉCAPITULATION

des produits obtenus des divers systèmes de distillation.

Sous les formes si diverses que nous venons d'examiner, la fabrication de l'alcool constitue dans le département du Nord un art agricole d'une très-grande importance.

Le relevé suivant indique le nombre d'hectolitres distillés annuellement depuis 1840, dans notre circonscription départementale

1840	29,211 hect.
1845	39,023
1846	43,927
1847	41,875
1848	51,602
1849	31,218
1850	54,623

1851	64,221
1852	72,487
1853	134,039
1854	337,465

Ajoutons, que quoique le chiffre de production de l'année 1855 ne soit pas encore complètement déterminé, il n'en est pas moins certain, qu'il dépassera 400,000 hectolitres, ou moitié en sus de celui de la Charente-Inférieure, le département le plus fécond de l'empire, et qui livre 271,429 hectolitres.

Pour mieux saisir l'influence exercée sur l'activité de la distillerie du Nord par l'effet des causes qui ont réduit au chômage cette industrie dans le Midi, il suffira de rapprocher la moyenne des trois premières années reprises au tableau ci-dessus et qui correspond à l'état normal de notre fabrication de l'alcool, avec les trois dernières qui figurent au même tableau.

Moyenne des années 1840, 45 et 46.	Moyenne des années 1852, 53 et 54.
37,387 hect.	181,330 hect.

Dans la dernière période triennale, la production alcoolique se montre quintuple de la première.

La production départementale en alcool se subdivise, comme on l'a déjà vu, suivant la nature des substances dont on l'extrait. La moyenne des dix années reprises dans nos calculs, a donné pour les eaux-de-vie de

Grain.	Mélasses.
24,653 hect.	46,745 hect.

L'alcool de jus de betterave a atteint successivement dans l'espace de trois années, 100,000 hectol., 250,000 et passé 300,000 hectol. sans compter trois à quatre mille hectol. obtenus de la distillation de la fécule, de celle de riz, des raisins secs du Dari ou des mélasses exotiques.

La fabrication pour ainsi dire normale de l'alcool, se répartissait par arrondissement de la manière qui suit :

	Alcool de grains.	Alcool de mélasses.
Lille,	16,316 hect.	10,635 hect.
Dunkerque,	1,451	
Hazebrouck,	»	»
Avesnes,	103	»
Cambrai,	152	4,802
Douai,	1,093	11,345
Valenciennes,	2,538	19,963
	21,653	46,745

La distillerie de la betterave est trop récente, et peut-être aussi trop éphémère pour que sa répartition par arrondissement puisse être considérée comme un fait industriel définitif ; cependant, voici l'ordre de prédominence que les documents administratifs révèlent : Arrondissement de Valenciennes, environ 40 p. % ; Douai 23 p. % ; Lille, 19 p. % ; Cambrai, 10 p. % ; Avesnes et Dunkerque, 3 p. %.

L'instabilité de l'industrie de l'alcool durant la période dont nous nous sommes fait l'historien, ne nous permet pas de placer en face du chiffre de productions annuelles des spiritueux, celui des déchets variés qui en proviennent.

Cependant, nous dirons qu'avant que des mesures d'administration n'aient détruit ou suspendu les distilleries de grains et de pommes de terre, elles produisaient dans leurs conditions normales des résidus fourragers que nous avons relatés comme très-importants et qui consistaient en

Drêche de grain	1,181,073 hectolitres.
Drêche de pommes de terres	96,000
Ensemble	1,277,073 hectolitres.

Par leurs propriétés nutritives ces déchets correspondent ainsi que nous l'avons déjà fait remarquer, savoir :

La drèche de genièvre	271,630 quint. met. de foin.
La drèche de pommes de terre	16,500 »
Total	288,130 quint. mét. de foin.

En d'autres termes, les résidus dont il est question équivalent

Ceux de la distill. de grain à	7,761 hect. de prairies nat.
Ceux de la distill. de la p. de terre à	471
Ensemble	8,232 hect de prairies nat.

Et comme les matières premières fournies à ces deux fabrications n'ont exigé qu'une étendue de

6,045 hectares,

Il en résulte qu'elles ont rendu à l'agriculture plus qu'elles n'en avaient reçu, et que sous ce rapport elles exercent la plus heureuse influence sur la prospérité du pays ; vérité trop méconnue, que nous avons cherché à faire saillir sous bien des formes différentes, et qui mérite de fixer les méditations des économistes et des hommes d'Etat.

La distillation de la betterave est aussi appelée à rendre des services analogues par ses abondants déchets nutritifs, on en pourra juger par les chiffres suivants :

Il a été délaissé par cette industrie

	Quantité.	Equivalence en foin.	Correspondance en produits de prairies nat.
En 1853 pulpe	94,683 q. m.	31,560 q. m.	902 hect.
1854	1,518,091	506,030	14,458

La restitution n'a été ici que des trois quarts de l'étendue consacrée à la production des matières premières. Mais si les

principes assimilables contenus dans les vinasses avaient été uti-
lisés comme ils le seront sans doute prochainement, il aurait
fallu porter presque au double le chiffre de la puissance nutritive des déchets, et on serait arrivé ainsi à constater des avantages au moins aussi considérables pour la distillation de la
betterave que ceux de la distillation du grain et de la pomme de
terre.

Ajoutons pour terminer l'énumération des déchets des usines
qui nous occupent, que la distillation des mélasses laisse après
elle, ainsi que nous l'avons mentionné plus haut, 16.232 q. m.
de salins de potasse.

Valeur de la production en alcool. — La période
décennale écoulée de 1845 à 1854 inclusivement a donné un
total de 870,480 hectolitres d'alcool provenant de tous les systèmes de distillation qui ont été en activité dans le département
du Nord ; au taux de 70 fr. l'hectolitre, c'est une valeur de
60,393,600 fr., ou en moyenne et par an de

6,093,360 fr.

Valeur des résidus. — Pour compléter la valeur des
produits obtenus des distilleries, il faudrait encore ajouter celle
des déchets qui s'élèvent pour
Les drêches de distilleries de genièvre à une
moyenne de . . . . 393,693 fr.
Les drêches de distilleries de pomme de terre.   48,000
Les salins de distilleries de mélasse   649,280
Total. . . 1,090,973 fr.

Et enfin joindre à cette somme l'estimation des pulpes et vinasses provenant des distilleries de betteraves ; le tout d'après
les bases actuelles de l'industrie, pourrait s'élever à environ
un dixième du chiffre atteint par la valeur de la production
alcoolique.

17 c

Consommation de l'alcool. — Comme chez toutes les nations septentrionales, l'eau-de-vie de grain jouit dans le département du Nord, d'une grande popularité ; aussi sur une consommation annuelle de 30 à 33,000 hectolitres, entre-t-elle pour les deux tiers, et l'eau-de-vie de raisins ou ses imitations pour l'autre tiers.

Avant 1840, les importations des bruleries méridionales venaient combler le vide laissé par la fabrication locale, mais postérieurement, l'accroissement successif et de plus en plus considérable des produits de cette fabrication, a renversé cet état de choses et rendu notre contrée exportatrice d'alcool, d'importatrice qu'elle avait toujours été. En 1854, ce phénomène économique a dû se traduire en versant pour l'usage des autres départements, plus de 300,000 hectolitres de spiritueux distillés dans le Nord, et en 1855 cette quantité s'est encore beaucoup accrue.

La quote-part individuelle d'alcool absolu employé comme boisson spiritueuse, ne dépasse pas beaucoup trois litres ; mais étendu ou *coupé*, comme on le dit dans le commerce, par l'addition d'eau, de manière à être ramené à 45 ou 50° cette quantité répond approximativement à 7 litres d'eau-de-vie. Sur cette donnée, on peut estimer que le département du Nord, a donné dans la période triennale de 1852, 1853 et 1854, un excédant d'environ 13,000 hectolitres au-dessus de sa consommation ; en 1855 cet excédant a presque quatre fois décuplé.

VINAIGRE.

Toutes les boissons alcooliques sont susceptibles, placées dans des conditions déterminées, d'être transformées en une liqueur acide, portant le nom de vinaigre et dont la base est constituée par l'acide acétique. L'alcool lui-même et certains principes organiques, tels que l'amidon, la gomme, le sucre, soumis à des conditions analogues, peuvent aussi éprouver la même métamorphose ; de là résulte, pour ce produit, une grande diversité d'origine, qui motive la distinction, qu'on en fait dans le commerce, en vinaigre de vin, de cidre, de poiré, de miel, de bière, de grain, de mélasse, de jus de betterave, de bois, etc.

Les progrès accomplis dans l'art du vinaigrier par l'heureuse application des connaissances chimiques, ont profondément modifié depuis une vingtaine d'années, les conditions de cette industrie ; plus récemment le décret d'interdiction de la distillation des grains est encore venu y apporter des changements ; enfin, un jugement de la cour de cassation, a eu pour conséquence la suppression de la fabrication du vinaigre de jus de betterave.

Nombre de vinaigreries. — Sous l'influence de ces causes d'instabilité, le nombre de vinaigreries, qui dans le département n'était que d'une dizaine, ayant pour la plupart leur siége dans l'arrondissement de Lille, s'est trouvé réduit à 7, dont :

> 5 vinaigreries de bière,
> 1 — de grains par l'acétification des flegmes, elle est actuellement en chômage,
> 1 vinaigrerie de bois.
> ———
> 7

Ces établissements sont desservis par une cinquantaine d'ouvriers, dont le salaire journalier, à raison de 2 fr. 20, occasionne une dépense annuelle de

33,000 fr.

Nous nous bornerons, dans ce paragraphe, à donner quelques indications rapides sur les procédés de fabrication en usage dans le pays.

Vinaigre de bière.

L'art de transformer la décoction d'orge fermentée en vinaigre, remonte à une haute antiquité; il est même probable que les premières migrations qui vinrent peupler nos contrées, en apportèrent le secret avec celui de la fabrication de la bière. Les procédés en sont d'ailleurs encore dans leur simplicité primitive; ils consistent à exposer au soleil, dans de grands fûts débouchés, la bière non houblonnée et fabriquée dans les conditions que nous avons fait précédemment connaître. Au contact de l'air, le liquide s'acétifie avec beaucoup de lenteur, et il ne faut pas moins de la période qui sépare avril d'octobre, pour accomplir cette opération.

Pendant des siècles que cette méthode a régné seule et sans partage chez les peuples du Nord, elle constituait une industrie prospère; mais elle est considérablement déchue dans ces derniers temps, depuis surtout que des procédés nouveaux, donnés par la science, sont entrés en rivalité sérieuse avec elle.

Matières premières. — Un document officiel qui est relatif à l'exercice 1853, porte à 136,900 kilog. le poids des céréales entrant dans la fabrication départementale du vinaigre, dont 78,200 kil. applicables au vinaigre de bière et 58,700 kil. applicables au vinaigre de grain par l'acidification des flegmes. D'un autre côté, d'après des renseignements que nous devons à des industriels très recommandables et très intelligents, MM. Lessens frères, à Lille, la quantité d'orge consommée pour être transformée en vinaigre de bière, ne serait que d'environ 750 hectolitres ou de 45,000 kil.; la différence considérable qui sépare ces deux données chiffrées n'est pas inconciliable, car il est de notoriété que dans ces dernières années, la cherté des grains, a diminué très sensiblement l'activité des

vinaigreries qui s'en alimentent, et il se pourrait, que ces indications, recueillies à des temps différents, fussent également
vraies. Toutefois, nous admettrons comme moyenne de la dernière période décennale le chiffre administratif de

78,200 kil. ou 1,300 hectolitres,

et nous supputons sur les bases précédemment calculées que la
valeur s'en élève à

13,000 fr.

Production. — Le produit obtenu est de 62 litres de
vinaigre par hectolitre d'orge, ce qui donne pour la fabrication
moyenne d'une année,

208,000 litres,

ayant une valeur, sur le prix de 20 fr. 85 c. l'hectolitre, de

43,368 fr.

Drèche. — Comme dans la fabrication de la bière, celle du
vinaigre laisse 4 hectolitres de résidus par 100 kilog. d'orge
employée, ce qui constitue par an une moyenne de

2,120 hectolitres de drèches,

ayant, pour la nourriture du bétail, une équivalence de foin de
prairies naturelles, de

400 quintaux métriques,

produit de

11 hectares de près.

Ces déchets estimés à 1 fr. 10 c. l'hectolitre, ajoutent à la
valeur des produits ci-dessus indiqués, une somme de

2,332 fr.,

ce qui élève ce produit à un chiffre qui dépasse

45,000 fr.,

laissant déduction faite de 13,000 fr. de matières premières, 32,000 fr. pour couvrir la main-d'œuvre et autres frais de production, et constituer le bénéfice industriel.

Le vinaigre de bière, d'un goût moins suave et d'un degré acidimétrique plus faible que le vinaigre de vin, trouve pourtant son écoulement, comme lui, pour l'usage de la table. La quote-part qu'il fournit par habitant, n'est par an que de

18 centilitres.

Vinaigre de grain.

Cette industrie tout-à-fait moderne, qui consiste à soumettre pendant 15 à 20 jours à une température de 32° centigrades les flegmes, ou premiers produits de la distillation des grains, marquant 25° alcoométriques, est infiniment plus expéditive que la précédente, et peut s'exercer sans interruption pendant toute l'année ; elle est actuellement frappée par le décret qui arrête depuis deux ans la distillation des céréales.

Matières premières. — Les substances qu'elle met en œuvre sont comme pour les distilleries de grain, l'orge et le seigle auxquels s'ajoute la mélasse de betterave. MM. Lessens portent à 36,000 kil. le seigle et l'orge entrant annuellement dans cette fabrication, tandis que le renseignement administratif cité plus haut, l'élève à 58,700 kil. ; il se pourrait encore ici que la différence portât sur la cessation, il y a trois ou quatre ans, de l'une des deux usines, du département, consacrées à ce genre de fabrication, d'où il résulterait que ces chiffres seraient également vrais, mais pour des temps différents : quoiqu'il en soit, acceptant la dernière quantité indiquée comme s'adaptant mieux à la période que nous embrassons dans notre ouvrage, nous trouvons qu'elle se décompose de la manière suivante :

Orge,   13,500 kil.   225 hectol.
Seigle,   45,200 —   645 —

Il est en outre associé à ces quantités de céréales :

Mélasse de betterave, 236,430 kil.

En temps ordinaire, ces matières premières ont une valeur commerciale, savoir :

Orge,   2,250 fr.
Seigle,   7,750
Mélasse, 42,557
Total. 52,557 fr.

Produits. — Dans sa période d'activité et alors qu'elle se trouvait dans un état qu'on pouvait considérer comme normal, l'industrie dont il s'agit obtenait des quantités de matières premières ci-dessus énoncées, en vinaire et acide acétique de bas degré, approximativement

30,000 hectolitres,

atteignant une valeur moyenne de

240,000 fr.

Drèche ou Vinasse. — Quoique moins nutritifs et contenant un principe âcre et des sels qu'ils retiennent de la mélasse, les résidus de la distillation de flegmes employés à la fabrication du vinaigre, n'en sont pas moins employés à l'alimentation des bestiaux, auxquels ils fournissent un approvisionnemet d'environ

5,285 hectolitres,

ayant une puissance nutritive égale à 1,057 quintaux métriques de foin, représentant le produit de 30 hectares de prairie. C'est une valeur en argent de

2,642 fr.,

ce qui élève le produit total de la vinaigrerie de grain, à

242,642 fr.

En retranchant la valeur des matières premières, il reste

190,085 fr.,

pour les frais et bénéfices industriels.

Le vinaigre et l'acide acétique faible, résultant du travail des flegmes de grain, trouvaient leur emploi, avant l'interdiction des distilleries, dans les usages culinaires et dans les arts industriels, notamment dans la fabrication de la céruse. Si la totalité en avait été consommée comme condiment, la part de chaque habitant aurait été de

2 litres 6 décilitres.

Nous avons déjà vu que le décret du 26 octobre 1854 inspiré dans un but fort respectable sans doute, avait eu pourtant les conséquences fâcheuses de supprimer dans le seul département du Nord, 1,181,000 kil. de viande, et une puissance fertilisante capable de procurer 63,000 hectolitres de blé; c'est-à-dire un peu plus de la vingtième partie de la production de la viande, et un peu moins de la vingtième partie de la production en froment. Il a de plus contribué, en provoquant la rareté des denrées fourragères et des engrais, à augmenter le prix de la viande et les frais de production de toutes les récoltes; les mêmes conséquences se sont fait sentir, quoiqu'à un moindre degré, relativement aux vinaigreries de grain; cet expédient légal n'a pas seulement nui à la liberté d'industrie, il a encore attaqué le principe d'égalité devant la loi, puisque nous voyons à quelques lieues de distance, à Carvin, une fabrique importante, celle de MM. Dugruson et Cie, autorisée par le Préfet du Pas-de-Calais, à continuer, comme par le passé, la distillation des seigles et des orges, pour les appliquer à la fabrication des vinaigres, tandis que dans le département du Nord, les établissements similaires restent sous le poids de l'interdiction du décret précité.

Vinaigre de jus et de mélasse de betterave.

L'existence de la fabrication du vinaigre de jus de betterave, pour laquelle la maison Lessens frères avait pris un brevet d'invention, a été bien éphémère ; à peine ce brevet était-il exploité, que cette fabrication a été condamnée par un arrêt de la Cour de cassation, confirmatif d'un jugement de la Cour d'appel de Douai, comme contenant dans ses produits des sels alcalins dangereux pour la santé : ce sont pourtant les sels que renferme naturellement la betterave, et qui sont inséparables par les procédés habituels de l'acétification.

Dans la mélasse, les mêmes combinaisons salines soumises à des réactions opérées dans le cours du travail de la sucrerie, sont arrivées à un degré de concentration bien plus considérable que dans les jus de betterave, aussi, les vinaigres qu'on en obtenait, sont-ils immédiatement tombés sous le poids de l'arrêt précité.

Vinaigre de bois ou pyroligneux.

Quand on opère la carbonisation du bois dans des vases clos et que l'on condense les vapeurs qui s'en dégagent, on recueille une liqueur brun foncé, d'une odeur infecte et qui est composée d'eau, d'acide acétique en quantité considérable et d'huiles pyrogénées ; ces produits sont ensuite isolés et purifiés, puis livrés au commerce.

La seule usine du département du Nord qui se livre à ces opérations, est située dans l'arrondissement d'Avesnes ; elle avait, il y a quelque temps, des ateliers d'épuration dans les environs de Lille, mais elle a récemment réuni cette succursale au principal établissement. On estime à 120,000 faisceaux, le bois qu'on y traite et qui s'élève en valeur à la somme de 36,000 fr.

Le produit en acide acétique concentré, n'est que de 12,000 k., dont le prix de vente atteint 20,000 fr., il faut y joindre la valeur du charbon et des matières huileuses pyrogénées.

La presque totalité de l'acide pyroligneux obtenu dans le département, est exportée vers la capitale, où elle est employée à la fabrication des acétates et à la confection des vinaigres de parfumerie.

RÉCAPITULATION.

En résumé l'industrie du vinaigre prélève sur l'agriculture comme matière première

Orge	1,525	hectolitres,
Seigle	645	id.
Mélasse	236,430	kilog.
Bois	120,000	faisceaux.

ses produits consistent en

Acide acétique faible	32,080	hectolitres,
Id. concentrée	12,000	kil.

Les résidus consistent en

		Équivalence en foin.	
Drèche de brasserie,	2,120 hect.	400 q. m.	Correspondant au produit de 11 hectares de prairies
Id. distillerie,	5,285 —	1,057 —	
		1,457 q. m.	

Charbon, huiles et produits pyrogénés pour mémoire.

Les valeurs créées par les vinaigreries consistent en :

Vinaigres, 303,368 fr.
Drèches, 4,974

plus la valeur du charbon et des huiles et produits pyrogénés provenant de la distillation du bois.

Partagé par le nombre d'habitants, la quantité d'acide acétique faible donne à chacun d'eux près de

3 litres.

Préparations des céréales et des féculentes.

Nous mentionnerons plus loin et dans un paragraphe spécial, les travaux incessants et multipliés que réclament pendant leur végétation et leur récolte, les cultures nourricières de la Société humaine. En ce moment, nous nous bornerons à suivre toutes les opérations qu'on leur fait successivement subir pour les rendre propres à leur destination finale. Dans cette catégorie se rangeront : 1° le battage ; 2° l'épuration ; 3° la conservation ; 4° la mouture ; et 5° la panification des grains.

Battage.

Cette opération, exclusivement du ressort agricole, consiste à séparer les grains des pailles ou fanes ; elle se pratique généralement, dans le Midi, à l'aide du piétinement des chevaux ou mulets sur les céréales étendues en rond à la superficie du sol ; tandis que dans nos contrées, sauf en ces derniers temps, elle s'est constamment exécutée par l'antique procédé du fléau agissant sur l'aire de la grange.

La dépense de temps et de force consacrée au battage des grains est très considérable et n'exige pas moins *d'une cinquan-*

*taine de mille ouvriers, travaillant pour accomplir ce labeur sur
l'ensemble des récoltes, céréales et féculentes du département du Nord,
en moyenne et en morte saison, 100 jours par an.*

L'importance du salaire résultant de cette opération, est indiqué dans le tableau suivant, et se résume dans le chiffre total de

5,506,407 fr.

C'est plus de 5 p. % de la valeur des récoltes des céréales et féculentes que nous avons reconnu s'élever à 110,785,810 fr.

Récoltes.	Quantité à battre annuellement.	Prix du battage par hectolitre.	Dépense totale du battage.
Froment,	2,656,898 hect.	1ᶠ20	3,188,268
Macaux,	192,556	1,20	231,067
Méteil,	48,139	1,20	57,766
Epeautre,	129,883	1,00	129,883
Seigle,	215,929	1,20	259,115
Orge,	487,971	0,80	390,376
Avoine,	1,775,951	0,60	1,065,570
Sarrazin,	2,610	0,60	1,566
Fèves,	101,535	0,60	60,933
Haricots,	244,994	0,35	84,698
Pois,	62,330	0,50	31,165
		Total. . . .	5,506,407

Ce lourd sacrifice imposé aux cultivateurs, s'est considérablement accru dans ces dernières années, époque où le manque de bras l'a presque doublé en même temps qu'il retardait le battage d'une manière préjudiciable à l'approvisionnement des marchés; fort heureusement le génie de la mécanique, s'était attaché à résoudre le problème, de substituer l'action des machines, à la force musculaire de l'homme dans un travail aussi pénible, et il y a une dizaine d'années, le département possédait déjà quelques spécimens de batteurs mécaniques en état de fonctionner; depuis des perfectionnements y ont été introduits : on en a varié les formes, les dimensions et les moteurs, et nous verrons plus loin que, dès à présent, les exploitations de la contrée les plus habilement dirigées, sont pourvues de ces sortes d'appareils fixes ou locomobiles, mus, les uns par manége et les autres par la vapeur, et possédant ou non des accessoires pour l'épuration du grain battu. On peut même ajouter, que la question des batteurs mécaniques est actuellement jugée, et qu'il y a nécessité de l'admettre partout, avec les modifications qu'impose les conditions diverses des grandes, moyennes et petites cultures.

On ne peut d'avance fixer numériquement les avantages pécuniaires que retireront les cultivateurs de la généralisation de l'emploi des batteurs; mais on peut considérer son adoption comme le commencement d'une ère nouvelle, celle de la révolution du travail agricole par la mécanique.

Épuration, Vannage et Criblage.

Le grain séparé de sa tige par le battage, est mêlé d'enveloppes florales, de débris de feuilles, de corps hétérogènes et de graines étrangères dont on le débarasse par le *van* et le *crible*, ou mieux encore par l'action du *tarare* qui, en économisant beaucoup de peines et de force, opère simultanément ce que les deux premiers instruments font successivement.

Sous l'influence de la double opération épuratrice dont il s'agit, 100 hectolitres de blé battu et épaillé donnent, suivant les essais d'un agriculteur distingué, M. Demesmay, de Templeuve.

Blé épuré, livrable au marché	90 hect.
Blé défectueux à consommer dans la ferme.	5
Grapin destiné aux volailles, de 2 à. . . .	1
Bâles, poussière et freinte, de 4 à	3
	100

Ainsi la ventilation et le criblage, éliminent de l'approvi-sionnement du blé consacré à l'alimentation humaine, environ 1 1/2 p. % employé à la nourriture des animaux de basse-cour : cette élimination forme pour l'ensemble des récoltes départemen-tales moyennes en froment, macaux, méteil, épeautre et seigle,

49,287 hectolitres.

ou pour une valeur de

948,756 fr.

Il convient toutefois d'ajouter, que les déchets et freintes ne sont pas communément repris dans les chiffres de la statistique, et qu'ainsi il n'y a pas lieu d'opérer de défalcation sur les re-levés annuels du rendement des moissons.

Les frais d'épuration sont peu considérables, mais il ne laissent pas que de s'élever pour l'ensemble de toutes les cé-réales, à la somme assez importante de

712,906 fr.,

ou à un peu plus d'un demi pour cent de leur valeur.

Cette charge se répartit d'ailleurs de la manière suivante :

	Prix par hectolitre.	Prix total.
Froment, macaux, méteil, épeautre, seigle . . . . , ...	0ᶠ15ᶜ	486,514ᶠ
Orge, avoine.	0,10	226,392
Total.		712,906ᶠ

Le battage des grains à la mécanique promet d'amener de grandes modifications dans le système actuel d'épuration des céréales et féculentes. Déjà, à un certain nombre de batteurs, sont annexés des appareils épurateurs, qui fonctionnent très avantageusement, et il n'est pas douteux, qu'avec des machines plus perfectionnées, on n'obtienne avec célérité et économie le grain battu et épuré par une seule et unique opération, ou du moins n'ayant plus besoin que de recevoir une dernière épuration

Conservation des grains.

Les denrées sur lesquelles repose l'existence même de la société, sont menacées, après avoir échappé aux dangers qui les assaillent dans le cours de la végétation des plantes qui les fournissent, par un grand nombre de causes, qui en altèrent ou en détruisent les propriétés nutritives : ce sont, d'une part, les phénomènes de la décomposition spontanée, provoqués par l'élévation de la température et par leur état hygrométrique ; et d'autre part, les déprédations des animaux rongeurs et granivores, ainsi que des insectes, telles que la *calandre* ou *charençon*, l'*alucite* ou *teigne*, les *bruces*, et autres parasites qui se nourrissent de la substance même des grains récoltés, et occasionnent parfois d'immenses ravages. La sollicitude du cultivateur est sans cesse tenue en éveil contre ces fâcheuses éventualités, et il n'épargne ni précautions, ni soins, ni labeurs, pour maintenir dans son intégrité le fruit de ses moissons péniblement amassées.

C'est en les disposant en couches peu épaisses, en les soumettant périodiquement à des pelletages et même à des criblages, qu'il prévient l'échauffement des grains et ses funestes conséquences. Des procédés divers sont aussi mis en usage pour mettre obstacle à l'envahissement des animaux dévastateurs. Tous ces efforts se traduisent en frais de main-d'œuvre excessivement variables, qu'il est impossible d'estimer.

Mais c'est surtout dans les approvisionnements réunis par le haut commerce, ou par les administrations publiques, qu'il importe de prévenir la désastreuse action de toutes ces causes de dégâts. De nombreuses inventions ont eu pour but d'y pourvoir et si, jusqu'ici, l'expérience ne s'est point encore définitivement prononcée en faveur d'aucune d'elles, du moins peut-on constater qu'une infatigable émulation s'attache à résoudre efficacement ce difficile problème.

Mouture.

Comme encore aujourd'hui chez les Arabes et autres nations peu avancées dans la civilisation, les peuples de l'antiquité broyaient leurs grains entre deux pierres, pour les approprier à leur nourriture journalière. Ce n'est que sous l'empire romain, qu'on voit apparaître des mécanismes mus par eau et destinés à la même opération. Plus tard, arrivent les machines mues par le vent. Durant la féodalité, ces appareils deviennent l'objet d'un privilége seigneurial et restent dans leur imperfection pour ainsi dire native, ils étaient assez bons pour des vassaux. Enfin, le grand mouvement d'émancipation qui entraînait le monde, sur la fin du XVIIIe siècle, en excitant une puissante et utile concurrence, vint donner une prodigieuse impulsion à l'art essentiellement agricole de la meunerie et le légua à la génération actuelle, en voie de tous les perfectionnements que nous lui connaissons et en y ajoutant la mouture à vapeur et un outillage de plus en plus en progrès.

Matières premières et nombre d'usines. — La mouture du département s'exerce sur des quantités considérables représentant les céréales disponibles et qui consistent, année moyenne, en

Froment blanzé	2,419,098 hect.
Macaux et métail	220,765
Epeautre	116,104
Seigle	197,389
Orge	460,724
Sarrasin	2,610
	3,416,690

A quoi il faut ajouter le produit de l'importation en orge destinée à la fabrication de la bière et à la distillation du grain, 326,961 hect.

Celle du seigle ayant la même destination ,   91,557

Plus, les matières premières de la fabrication de l'orge perlée
15,625 hect.

et celle du pelage et glaçage du riz,
9,280 hect.

Enfin, suivant l'estimation des hommes les plus compétents, il y aurait en destination de la nourriture des populations et des animaux, en fèves moulues ou concassées, environ
100,000 hectolitres.

Ce qui donnerait pour la meunerie, un total général de
3,960,103 hect.

Cette masse énorme de céréales et de féculentes est soumise, à des préparations diverses dans les 675 usines réparties ainsi qu'il suit :

Arrondissements.	Nombre.
Lille	118
Dunkerque	76
Hazebrouck.	81
Douai	106
Avesnes.	89
Cambrai	95
Valenciennes	110
	675

Considérés par rapport à leurs moteurs, ces établissements de mouture se divisent en moulins à eau, 95 ; à vent, 510 ; à vapeur, 70.

Leur travail se répartit ainsi qu'il suit :

Moulins à vent.	2,645,103
Moulins à eau de la *Scarpe* et de la *Sensée*.	110,000
— de la *Deûle* et affluents. .	295,000
— de l'*Escaut* et affluents. .	550,000
— de la *Sambre*.	100,000
— de la *Lys*	60,000
Moulins vapeur	200,000
	3,960,103

Leur travail se subdivise, un tiers pour la mouture perfectionnée et deux tiers pour la mouture à brut.

Le personnel des ouvriers qui y sont employés s'élève à 1,800, dont le salaire, à 1 fr. 80 c. par jour, arrive à un total de 1,166.400 fr.

Enfin ces établissements possèdent 140 chevaux, exigeant pour frais d'entretien, usure, etc., une dépense de 481,000 fr.

Production de la mouture. — Suivant leur nature et eur destination, les céréales sont traitées diversement par l'art de la meunerie,

Le FROMENT est transformé totalement en farine et subit, par l'opération, une perte de 1 1/2 p. 0/0 à l'hectolitre, par la mouture villageoise, et 3 p. 0/0 par la mouture perfectionnée, moyenne 2 p. 0/0 ; de telle sorte que les 2,419,098 hectolitres indiqués plus haut, ne donnent plus en farine brute que

1,824,453 quint. mét.

Cette farine contient 22 pour cent de son, dans un état de plus ou moins grande division, mais les deux tiers en sont consommés après extraction de 11 à 12 p. 0/0 ; le reste subit une épuration plus ou moins grande, qu'on peut porter en moyenne à 17 p. 0/0. Il en résulte un déchet total de

243,393 quint. mét.

Ce qui réduit finalement la quantité de farine panifiable à 1,582,062 quint. métr.

Le MACAUX et le MÉTEIL reçoivent les mêmes préparations que le blanzé, mais ils ne rendent que 46 p. 0/0, sans compter la freinte ; ils procurent en

Farine	Issues
110,633 quint. mét.	30,200 quint. mét.

L'ÉPEAUTRE est revêtu d'une enveloppe coriace, ou *écale*, que, par des appareils particuliers, on enlève préalablement. Il en résulte un déchet de 10 kilog. à l'hectolitre; et comme la freinte s'élève ensuite à 2 kilog., il ne reste plus que 30 kil. à l'hectol.. ou pour les 116,104 hect., qu'une quantité de farine égale à

34,831 quint. mét.

Par compensation, le résidu d'écale et de son est de

11,610 quint. mét.

Le SEIGLE est traité comme le blanzé, le méteil et le macaux; la proportion de la farine est de 55 p. 0/0, celle de ses issues de 62; il fournit

Farine	Issues
78,166 quint. mét.	31,266 quint. mét.

L'ORGE est principalement en usage pour la fabrication de la bière et aussi pour la distillation du seigle. Il en est employé, tant de production locale que d'importation

787,675 hect.

Cette céréale, préalablement transformée en malt par la germination et la torréfaction, est simplement réduite en fragments sous le nom de *braies*, par les meules, et supporte, dans ces opérations, une réduction de 14 pour cent de son poids, sans extraction de résidus, ce qui établit le rendement en *braies*, à

453,838 quint. mét.

Le seigle, entrant dans la confection de l'eau-de-vie de grains, et traité comme l'orge maltée, reçoit la mouture simple et donne un produit de

65,006 quint. mét.

La fabrication de l'orge perlée obtient en outre de la pamelle

5,500 quint. mét.

Laissant en résidus

650 quint. mét.

D'un autre côté, la décortication et le glaçage du riz, après avoir reçu de cette denrée en riz préparé

4,000 quint. mét.

Obtient en déchets

3,000 quint. mét.

Le SARRAZIN, dans les produits de sa mouture, n'offre que

Farine	Issues
809 quint. mét. (50 p. 0/0).	680 quint. mét.

Enfin la FÈVE livre environ 40,000 hectolitres pour le simple concasssement en destination des bestiaux et accorde un rendement sans issues de

34,848 quint. mét.

La même légumineuse fournit encore 60,000 hectol., transformés en farine connue sous le nom de *bourgeoise*, dont la quantité est de 78 p. 0/0 donnant ainsi

46,800 quint. mét.

plus en issues

11,400 quint. mét.

Les diverses espèces de mouture dont les résultats viennent d'être indiquées, n'ont rien de fixe dans leur rémunération. Au sein des campagnes, il est encore d'usage de payer cette sorte d'opération en nature, et le prix en devient aussi variable que celui des grains : en la fixant approximativement en moyenne, à 1 fr. l'hectolitre pour la mouture complète du froment blanzé et macaux, 1 fr. 25 c. pour le méteil, 1 fr. 50 pour l'épeautre, le seigle et le sarrazin, et 1 fr. 75 pour les fèves, on arrive à constater que les substances qui entrent dans la confection du pain éprouvent dans le département du fait de la mouture, les surcharges suivantes :

Froment blanzé	2,419,765 fr.
Macaux et méteil	242,844
Epeautre.	474,156
Seigle.	296,083
Sarrazin.	3,915
Fèves	105,000
Total . . .	3,244,360

A cette somme il conviendrait d'ajouter environ 500,000 fr. pour préparation des grains consacrés aux usages industriels, tels que pour les brasseries, les distilleries, les amidonneries, etc , etc.

Récapitulation. — Toutes les opérations de la meunerie départementale se résument dans l'obtention des produits ci-après:

	Farine.	Mouture pour l'industrie	Sons, déchets, issues.
Froment blanzé.	1,582,062 q. m.	»	243,393 q. m.
Macaux et méteil	110,638	»	30,200
Epeautre . .	34,851	»	11,610
Seigle . . .	78,166	»	34,226
Sarrazin. .	809	»	680
Fèves en farines.	46,800	»	11,400
— concassées.	34,848	»	»
Orge, brasseries — distilleries	»	453,838 q. m.	»
Orge perlée . .	»	5,500	650
Froment et seigle amidonneries. .	»	15,536	»
Riz, glaçage . .	»	3,000	1,000
	1,888,174 q.m.	477,874 q.m.	330,159 q. m.

Le tout entraîne à une dépense de mouture d'environ

3,800,000 fr.

Pain.

L'histoire des sociétés humaines fait remonter très-haut l'art de confectionner le pain. Toutefois elle nous montre les peuples primitifs encore dépourvus de cette inestimable ressource alimentaire, sachant pourtant y suppléer par des sortes de bouillies ou galettes, que la tradition a conservées dans diverses contrées, et que nous rencontrons même en France dans plusieurs provinces, telles que la Bretagne et la Franche-Comté.

La différence fondamentale qui existe entre ces deux modes de préparations alimentaires des grains broyés ou moulus, consiste en ce que, dans le dernier cas, la farine réduite en pâte plus ou moins claire par l'addition d'eau, est immédiatement soumise à la cuisson, tandis que dans le premier, on y provoque préalablement, par le *levain* ou la *levure*, un travail de fermentation, en vertu duquel le sucre qui préexiste dans le grain, se transforme en alcool et en acide carbonique, que le gluten, par sa plasticité, retient dans la pâte, et que la chaleur du four emprisonne dans les myriades de porosités qui rendent ensuite le pain léger et de facile digestion.

Toutes les graines renferment les éléments qui peuvent les faire passer à la fermentation ; mais, nous l'avons déjà dit, elles ne sont panifiables qu'autant et dans les proportions du gluten qu'elles contiennent : sous ce rapport le froment occupe le premier rang ; viennent ensuite le seigle, l'orge et l'avoine. Le riz et le maïs étant privés de ce principe, restent impropres à la confection du pain.

Pour être pétrie, la farine exige de 55 à 70 p 0/0 de son poids d'eau ; la cuisson en enlève une proportion variable, mais en général, on estime qu'on obtient de 100 kilog. de farine 130 kilog. de pain. Dans les fermes la cuisson est moins parfaite, et suivant Mathieu de Dombasle et Boussingault le produit s'élève de 140 à 146 kilog.

L'opération terminale subie par le grain, pour arriver à sa destination finale, est encore dans les campagnes du ressort de la ménagère ; tandis que dans les grands centres de la population, elle est presqu'exclusivement entre les mains d'une profession très répandue, celle de la boulangerie, qui commence à s'étendre même au sein des populations rurales.

On ne compte pas moins, dans le département, de 1,830 établissements de ce genre, occupant 2,760 ouvriers qui occasionnent, au salaire moyen de 1 fr. 85, une dépense annuelle de 1,838,160 fr.

Le pain de pur froment est la base du régime des habitants du Nord ; au moins 93 p. 0/0 s'en nourrissent exclusivement. Le méteil proprement dit, ne dessert les besoins que de 4 p. 0/0 et le seigle, soit en mélange, soit isolément, ne saurait atteindre à l'alimentation de plus de 3 p. 0/0 de la population.

En temps de cherté des subsistances, on a quelquefois introduit dans le pain de la fécule de pommes de terre ; mais cette addition n'a pu se renouveler depuis que la maladie de ce tubercule en a surélevé le prix et interdit pour ainsi dire l'extraction. Il n'en est pas de même de la farine de fèves, « qu'on emploie dit avec raison Royer, avec grand
« avantage dans la panification des villes et des campagnes,
« où elle communique au pain une couleur et une saveur
« fort agréables ; cet usage ne mérite pas le nom de sophis-
« tication, ajoute-t-il, et l'administration agirait plus sagement
« en le faisant bien connaître et le propageant, qu'en en
« poursuivant la répression dans les villes, et entretenant
« dans la presse et le public les sots préjugés qui regardent,
« comme un empoisonnement, toute addition ou substitution
« même avantageuse, d'une substance alimentaire à une autre.
« La fraude n'en profite pas moins, au contraire ; le cours
« officiel seul refuse de reconnaître le fait, et le consom-
« mateur paie les frais de son obstination. »

Nous pensons comme l'agronome qui vient d'être cité, et nous ajoutons qu'il se consomme en temps ordinaire dans le département, mélangée avec la farine de froment, au moins 3 p. 0/0 de farine bourgeoise ou de fèves.

Le riz, le maïs, le sarrazin ont été aussi par fois ajoutés dans des proportions diverses, mais en général assez minimes au pain de froment. Enfin des fraudes plus coupables encore et plus préjudiciables, ont encore été constatées, celles de l'adultération des farines par des substances minérales, telles que le plâtre.

Emploi fourrager des céréales et féculentes.

De tous temps les espèces que l'homme a su dompter et assujettir à ses besoins, ont constitué une population mêlée aux populations humaines et dont l'existence repose en grande partie sur la prévoyance des agriculteurs, qui partagent avec elle le fruit de leurs labeurs. C'est à ce titre qu'il faut détacher de la production des céréales, comme à peu près exclusivement appliquée à la consommation de l'espèce chevaline, la totalité de la récolte d'avoine, qui s'élève avons-nous vu à

Valeur nutritive en foin
de prairies naturelles (1).

1,765,951 hect. équivalant à   1,035,971 q. m.

Il est en outre notoire qu'une quantité indéterminée de seigle, d'orge et de pommes de terre, passe constamment dans l'alimentation des animaux.

Des déductions approximatives assez exactes doivent encore faire attribuer à la même destiantion, la partie de récolte de fèves ou féverolles, représentée par

41,555 hect.   146,272

La table des équivalents nutritifs de l'éminent chimiste agronome Boussingault a servi pour calculer les résultats chiffrés inscrits dans cette colonne.

Enfin, les résidus et déchets de la préparation et l'emploi industriel des farineux, doivent encore être considérés comme un emprunt déguisé, mais fort important, fait à la production des cultures farineuses, en faveur de la nourriture des bestiaux.

Voici comment se résument les ressources de cette provenance :

Levures d'amidon (fournies par le froment et le seigle), équivalant en foin de prairies naturelles, à 2,000
Pulpes des féculeries (pomme de terre). . . 8,000
Drèche de bière (orge) 323,790
Drèche ou vinasse des distilleries de grain (seigle et orge) 271,630
Drèche ou vinasse des distilleries de pommes de terre, à 12,005
Drèche de vinaigre de bière. 400
Drèche de vinaigre de grain. 1,057
Grapin résultant de l'épuration du froment, macaux, méteil et seigle,   49,287 hect.   50,143
Issues du from. blanzé,   243,393 q. m.   347,704
  — macaux et méteil,   30,200   43,143
  — épeautre,   11,610   14,158
  — seigle,   31,226   44,608
  — sarrazin,   680   829
  — fèves,   11,400   20,367
  — d'orge perlé,   650   966
  — du riz glacé,   1,600   1,587

A ces produits il faut encore ajouter les pailles, et les foins qui représentent les valeurs nutritives suivantes :

Paille de blanzé,   4,314,064 q. m.   1,438,021
  — macaux,   317,677   105,892
  — méteil,   78,113   26,037
  — épeautre,   109,582   36,527
  — seigle,   393,542   131,171
  — orge,   415,875   90,405
  — avoine,   1,456,332   380,240
Fanes sarrazin,   2,500   1,015
  — fèves,   110,204   36,750
  — haricots,   110,310   56,160
  — poids,   28,446   14,210

L'ensemble de tous ces produits fourragers est donc équivalent à 4,641,058 q. m. de foin, quantité qui constitue la récolte de 132,836 hect. de prairies naturelles, c'est-à-dire une surface à peu près égale à celle occupée par le froment et plus du quadruple de la superficie accordée dans le département aux prairies naturelles.

Nous aurons à nous occuper plus tard avec détail de l'emploi de ces matières dans leur application à l'économie du bétail.

Consommation sociale des céréales et féculentes.

Les relevés de statistique et les traités des économistes laissent en général, supposer que la totalité du disponible des récoltes en graines est appliquée intégralement à la subsistance des populations. Cependant nous venons de voir, que l'approvisionnement des sociétés humaines supporte des prélèvements jusqu'ici sans délimitation possible, et qu'il conviendrait pourtant de fixer dans une matière d'un intérêt si considérable. C'est ce que nous allons essayer de faire en récapitulant ci-après les emprunts exécutés sur la production des céréales et féculentes du département par les arts agricoles et l'économie du bétail.

Il est actuellement et en moyenne consommé

1° Par les industries agricoles.

CÉRÉALES.

		Quantités consommées.
Froment. Amidonneries		17,335 hect.
Seigle. Amidonneries . . .	3,465 h.	
Alcool de grains. . .	94,557	
Id. de pomme de terre	6,850	102,517
Vinaigreries	645	

Orge. Brasseries. 758,882
   Alcool de grains . . . 28,793
     Id. de pomme de terre 6,289   795,489
   Vinaigreries 1,525

FÉCULENTES.

Pommes de terre. Féculières . 217,800
          Distilleries . 12,800   230,608

2° Pour la nourriture des animaux domestiques.

CÉRÉALES.

Avoine 1,775,954

LÉGUMINEUSES.

Féverolles. 41,555

Plus une quantité indéterminée de seigles, orges, pommes de terre et autres produits farineux.

Le tout formant une masse d'environ 3 millions d'hectolitres de matières alimentaires diverses, et ayant, aux prix ruraux moyens, une valeur de près de 13 millions.

En opérant sur le disponible des récoltes, la déduction des quantités relevées ci-dessus, on trouve qu'il reste, pour subvenir à la consommation sociale, les quantités ci-après :

CÉRÉALES.

Froment. . . . . . . 2,404,763 h.
Maeaux et méteil . . . 220,765
Epeautre. 116,104
Seigle 94,972   2,833,604 h.
Orge. . , ... »
Avoine . . . . »

FÉCULENTES.

Pommes de terre . . . 1,317,677
Sarrazin. 2,610
Fèves 60,000   1,684,611 h.
Haricots. 244,994
Pois 62,330

Le total de ces nombres constitue les trois cinquièmes de la production disponible des céréales et de leurs annexes, le tout s'élevant à une valeur de 58,750,000 fr.

Ce resultat diffère essentiellement de celui enregistré dans le résumé précédent des céréales et féculentes, où il avait été fait abstraction de ce que l'industrie et l'économie du bétail enlevaient à l'approvisionnement des populations humaines. Il suit de là que la quote-part individuelle des habitants du Nord sur les moissons indigènes est réellement plus faible que celle indiquée dans la statistique générale. On en jugera par la comparaison des chiffres suivants :

Quote-part.

	Après soustraction des produits absorbés par l'industrie et par les animaux		D'après la statistique générale.
Froment blanzé.	208 lit.		230 lit.
Macaux et Méteil.	19		29
Epeautre.	10	245 lit.	11
Seigle	8		30
Pommes de terre	114		193
Fèves.	5		
Haricots.	24	31	20
Pois.	5		

Ainsi, sur les quantités attribuées par la statistique, les céréales laissent un déficit de 63 litres ou 20 p. 0/0, et les féculentes, de 68 litres ou 32 p. 0/0.

Mais ce résultat, très-réel dans le sens général, cesse de l'être pour quelques parties du département, quand on approche la production de la consommation propre à chaque arrondissement, ainsi qu'on peut le constater dans le tableau suivant, dans lequel les récoltes locales donnent : (1)

(1) Il a été retranché de la récolte de chaque circonscription sous-préfectorale la portion employée par l'industrie, consistant, savoir : pour le blé : Lille, 10,000 hect.; Dunkerque, 2,500 hect.; Avesnes, 1,500 hect.; Douai, 1,000 hect.; Cambrai, 1,000 hect.; Valenciennes, 1,335 hect. Et pour le seigle : arrondissement de Lille, 63,615 hect.; Dunkerque, 7,000 hec.; Avesnes, 6,000 hect.; Douai, 1,000 hect.; Cambrai, 6,000 hect.; Valenciennes, 10,872.

	Froment.	Macaux et Méteil.	Epeautre.	Seigle.	ENSEMBLE.	EXCÉDANTS.	MANQUANTS.
	hectol.	hectol.	hectol.	hectol.	hectol.	hectol.	hectol.
Lille.	480,063 (1)	96,042	766	»	576,871	»	527,327
Dunkerque. . .	292,437 (2)	499	»	6,116	299,052	»	17,271
Hazebrouck . .	320,622 (3)	10,310	»	3,867	334,799	21,254	»
Avesnes. . . .	308,546 (4)	43,083	118,053	17,405	487,087	51,967	»
Cambrai . . .	447,742 (5)	56,498	»	27,815	532,055	10,520	»
Valenciennes . .	312,296 (6)	25,847	»	24,593	362,646	»	111,897
Douai	240,887 (7)	6,008	»	15,166	262,061	»	41,206
					2,854,571	83,741	697,761

Manquants absolus pour
le département :
614,020

Les indications chiffrées qui pécèdent établissent deux catégories parmi les arrondissements ; les uns, au nombre de trois, ont des excédants de production sur leur consommation, ce sont ceux d'Hazebrouck, d'Avesnes et de Cambrai ; les autres, au contraire, consomment plus qu'ils ne produisent, et dans ce nombre figurent ceux de Lille, Dunkerque, Douai et Valenciennes. Toutefois, l'excédant des premiers comblerait aisément les lacunes des seconds, si parmi ceux-ci deux centres d'industrie : Lille et Valenciennes, ne constituaient pas deux grands foyers exceptionnels de consommation. L'arrondissement, chef-lieu, est particulièrement surchargé d'une masse de population telle, qu'elle dépasse le double du nombre des habitants de plusieurs départements les moins peuplés. Aussi, est-ce principalement sur ce point que s'accumulent les importations destinées à faire face au déficit départemental des céréales.

Finalement, les manquants moyens surpassent les excédants de

614,020 hectolitres.

Pour combler ce vide considérable, le commerce de grains importe en nature 100,000 hectolitres de seigle, et les grands établissements de mouture limitrophes environ 300,000 quintaux métriques de produits farineux, dont approximativement

150,000 q. m. fournis par le Pas-de-Calais,
125,000 q. m.   —   la vallée de l'Oise,
1,000 q. m.   —   le département de l'Aisne

Les deux dernières provenances sont toujours de qualité médiocre, et n'ont souvent pour emploi que celui de faire du pain de deuxième qualité. Le complément est d'origine indigène, et peut être considéré comme l'apport des récoltes de fèves réduites à l'état de farine. Considérée dans chaque arrondissement, la quote-part de la production en céréales et en féculentes, par habitant, est ainsi qu'il suit :

	Froment blanzé	Macaux et méteil.	Epeautre.	Seigle.	Ensemble.
Lille . .	130 lit.	26 lit.	» lit.	» lit.	156 lit.
Dunkerque .	277	»	»	5,8	282,8
Hazebrouck.	306	10	»	3,7	319,7
Avesnes. .	213	32	81	12	338
Douai . .	238	5	»	15	258
Cambrai .	257	32	»	16	305
Valenciennes	197	16	»	16	229

FÉCULENTES.

	Pommes de terre.	Sarrazin.	Fèves.	Haricots.	Pois.	Ensemble.
Lille . . .	125 lit.	» lit.	5 lit.	3 lit.	5 lit.	138 lit.
Dunkerque .	192	0,6	22	81	10	315
Hazebrouck .	200	»	14	84	8	306
Avesnes . .	115	»	8	8	4	135
Cambrai . .	70	»	8	4	2	84
Douai. . .	134	0,1	3	3	2	142
Valenciennes.	123	1,1	2	2	2	130

Le résultat final du rapprochement de ces données chiffrées établirait, qu'en tenant compte de l'emprunt fait dans la dernière période décennale par l'industrie et l'économie du bétail sur les céréales, il y aurait un déficit sur les nombres produits par la statistique équivalant par individus et par an, pour le

$$\begin{array}{ll}
\text{Froment blanzé.} & \text{à 30 litres.} \\
\text{Macaux et méteil} & \text{à 10} \\
\text{Epeautre.} & \text{à 1} \\
\text{Seigle} & \text{à } \underline{22} \\
& \phantom{\text{à }} 63
\end{array}$$

Ce déficit exigerait, pour être comblé entièrement, en y ajoutant la quantité d'orge importée pour les besoins industriels

	Quantités.
Froment blanzé	346,800
Macaux et méteil . .	115,660
Epeautre	11,560
Seigle	254,320
Orge	334,768
	1,063,048

Ce sont les plaines fertiles de l'Artois et particulièrement le marché d'approvisionnement d'Arras qui sont chargés de pourvoir à l'insuffisance relatée ci-dessus de la récolte de céréales dans le département du Nord. Nous avons déjà vu pourtant que les importations ne se font pas en nature, mais bien en farines préparées dans les usines du Pas-de-Calais.

Dans un paragraphe spécial où nous envisagerons l'avenir de l'agriculture flamande, nous aurons occasion de compléter le sujet que nous venons de traiter en déterminant si des craintes ou des dangers peuvent surgir pour l'approvisionnement futur d'une population départementale qui s'élève déjà à un million et quart.

Betterave.

La plus riche conquête agricole des temps modernes, est incontestablement l'application de la betterave à la fabrication du sucre indigène. Olivier de Serre, qui écrivait à la fin du XVIe siècle, est le premier auteur qui fasse mention de cette plante ; il la signale comme introduite récemment d'Italie en France. Plus tard, la culture s'en répandit en Allemagne et en Suisse, comme plante fourragère. Au commencement de ce siècle, le chimiste Margraff y découvrit la présence du sucre, que le patriarche de l'agriculture française y avait déjà soupçonné, et Achard, de Berlin, essaya d'appliquer en grand cette découverte. Mais ce fut en France, sur la fin de l'empire, que la fabrication du sucre de cette racine prit définitivement rang parmi les plus intéressantes industries agricoles.

Après être entrée ainsi avec succès en rivalité avec la canne à sucre, la betterave a tout récemment remporté un autre avantage ; elle a suppléé, dans la production de l'alcool, à la vigne frappée de stérilité par l'oïdium.

La betterave saccharine, dont il est exclusivement question ici, est originaire de Silésie ; elle est considérée par les botanistes et les agronomes comme dérivant de la betterave champêtre, dite aussi disette, et présente deux sous-variétés principales, l'une à collet rose, et l'autre à collet vert ; toutes deux s'enfoncent profondément dans le sol et restent enterrées jusqu'au nœud donnant naissance aux feuilles.

Dès les premiers temps de sa végétation, la betterave est exposée aux attaques des larves d'un petit coléoptère, rangé par le regrettable et savant naturaliste Macquart, parmi les cryptophages, c'est l'atomaria linearis de Steph, qui est désigné dans le pays sous le nom de ver-gris ; ces insectes détruisent les semis, et leurs ravages sont tels, qu'il n'est pas rare de voir les cultivateurs être obligés de ressemer deux ou trois fois la jeune plante. Dans ces derniers temps, on a reconnu que le tourteau de caméline, répandu en poudre ou délayé dans l'eau, avait la propriété de détruire ou de faire fuir ces dangereux parasites. Peut-être en obtiendrait-on des résultats plus efficaces encore, si on déposait cette substance dans le sol en même temps que la graine, par l'action du semoir.

Quelques autres insectes tels que : parmi les coléoptères, l'agriotes segetis ; parmi les lépidoptères, l'adena brasoica ; et parmi les diptères, le phylomyza-betœ, occasionnent aussi des dégats à la betterave.

Une maladie imparfaitement décrite et plus mal définie encore, a aussi, dans ces dernières années, sévi sur la plante saccharifère de nos climats ; mais les craintes qu'elle avait fait naître se sont promptement dissipées, sans qu'il fut nécessaire d'en rechercher les moyens curatifs ou préservatifs.

Étendue de la culture. — Les informations administratives destinées à dresser la statistique des récoltes, ne mentionnant pas habituellement la betterave, il en résulte de regrettables lacunes pour l'estimation de la surface, qui, annuellement, est employée à la produire. Les renseignements officiels très-incomplets qu'on possède à ce sujet, ne distinguent pas, d'ailleurs, la betterave saccharine de la betterave fourragère ; ce n'est que par induction et à l'aide des documents recueillis par la régie des contributions indirectes, à l'effet de constater la production en sucre ou en alcool, qu'il est possible de suppléer à l'insuffisance d'indications plus précises sous ce double point de vue.

La moyenne du rendement en sucre étant de 5 p. 0/0, et le produit aussi en moyenne, par hectare, étant de 40,000 kilog. de racines, on trouve, par le calcul, que la betterave saccharine a dû occuper, sur le territoire départemental, dans la série d'années reprises ci-dessus, les espaces suivants :

1840	12,241 hectares.
1845	10,137
1846	11,344
1847	14,504
1848	18,010
1849	11,030
1850	18,124
1851	22,891
1852	18,297
1853	20,121
1854	25,739

Moyenne : 16,585

On voit, par ce tableau, que la marche de la culture de cette plante a été irrégulièrement ascendante, de manière à doubler en moins de quinze ans ; son étendue moyenne est, dans le département, de

16,585 hectares,

c'est-à-dire un peu moins du tiers de la surface qu'elle occupe sur l'ensemble du territoire français, où, en y comprenant la betterave fourragère, elle n'atteint que le chiffre de

57,663 hect.

Nulle part, d'ailleurs, on ne cède plus de terre à cette plante industrielle, que dans l'ancienne Flandre, puisqu'elle y embrasse la 21e partie des cultures, et la 12e partie des céréales.

Chaque arrondissement prend une part diverse et fort inégale à la culture de la racine saccharifère; mais c'est surtout dans ceux de Valenciennes, Douai et Lille, qu'elle a pris une extension considérable, ainsi qu'on peut s'en assurer dans la répartition qui suit :

	Etendue.	Proportion relativement à l'étendue des cultures.
Lille.	4,981 hectares	8 %
Dunkerque. . . .	455	1
Hazebrouck. . . .	321	1
Avesnes.	807	1
Cambrai	1,280	2
Douai	3,440	10
Valenciennes . . .	5,297	12
	16,581	21 %

Culture de la betterave porte-graine.

Une culture accessoire, qui n'est pas sans certaine importance, est constituée de manière à livrer les graines destinées à l'ensemencement qui doit alimenter les sucreries indigènes, c'est celle des betteraves porte-graines; elle occupe environ 65 hectares; produisant, à raison de 3,200 kilog. à l'hectare, approximativement 200,000 kilog. ayant au prix de 1 fr. 25 c. le kil., une valeur de 250,000 fr. C'est en général la petite culture qui s'adonne à ce genre de production lucrative, qui exige beaucoup de soins; elle s'étend sur tous les points du département où la sucrerie a pris du développement, toutefois, le canton de Pont-à-Marcq s'en est fait une sorte de spécialité.

La méthode la plus généralement suivie pour obtenir la graine de betterave consiste à choisir, lors de la déplantation de ces racines, celles d'un développement moyen, à peau lisse, exemptes de bifurcations, s'enfonçant profondément dans le sol, ayant beaucoup de compacité, et se couronnant d'un faible bouquet de feuilles qui n'intercepte pas l'insolation et l'aération de la terre. Les sujets de choix sont replantés en avril et complètent le cours de leur végétation bisannuelle par la fructification qui atteint sa maturité en septembre ou en octobre; on coupe alors les tiges fructifères; on les fait sécher en plein air; on détache ensuite les graines que l'on préserve de toute humidité.

Un autre procédé, qui commence à s'étendre, a été inventé par M. Desreux, simple ouvrier tisserand; il consiste, après le choix de cent sujets fait comme précédemment, à les replanter à l'instant même, dans un carré de jardin d'un are, où ils sont préservés de la gelée et de l'humidité, par une couverture de paille et par de profondes rigoles sur le pourtour du carré. Ces cent plantes, bien palissées au printemps, fournissent beaucoup plus de graines qu'il n'en faut pour ensemencer un hectare. Septembre arrivant, et la graine récoltée, l'hectare destiné à fournir de la graine pour le commerce est ensemencé; la levée a lieu au commencement d'octobre; et quand l'hiver est arrivé, les plantes ont quatre à six feuilles et sont bien garnies de racines; dans cet état, elles résistent parfaitement aux hivers rigoureux, tandis que les moindres gelées font périr les grosses betteraves; arrivées au printemps, elles semblent chétives, mais quelques semaines d'un temps doux suffisent pour leur donner de la vigueur et elles ne tardent pas à avoir une végétation fort supérieure à celle des porte-graines replantées avant l'hiver, qui sont longtemps avant de former des racines. Les petites betteraves sont espacées et sarclées aussitôt que l'état du sol permet de leur donner ces façons. Dans un bon terrain, elles fournissent un produit en graine qui peut s'élever à 4,000 kil., et la graine est plus égale en grosseur et en maturité, que celle qu'on retire par les procédés ordinaires. La graine obtenue par la méthode Desreux n'expose pas le produit à une dégénérescence ; elle provient de sujets parfaitement choisis qui n'ont pu éprouver d'altération par la conservation en silos, et rien ne peut faire craindre qu'elle ramène la plante à l'état sauvage, ce que produira sans doute le procédé usuel de culture, si on continue à le pratiquer. La méthode nouvelle est d'ailleurs fort économique, occasionne moins de frais et réclame moitié moins de terre que celle ancienne, car elle supprime la déplantation, la replantation et réduit à une année le séjour de la betterave sur le sol.

Ensemencement de la betterave à sucre. — La houe et le semoir sont employés à cette opération ; mais la pratique de ce dernier est devenue tout-à-fait prédominante, et il n'y a plus qu'une très faible partie de la petite culture qui fasse encore usage du premier de ces instruments.

La quantité de semence dépensée par hectare est fort variable, elle est pour les uns de 8 kilog., et s'élève pour les autres jusqu'à 20 ; nous estimons qu'en moyenne elle peut être portée à 12 kil., et que sur cette base il ne faut pas moins de

199,020 kilog. de graines.

pour assurer annuellement les récoltes destinées à la sucrerie indigène : c'est une valeur de

248,775 francs.

Production. — En estimant les produits de cette plante industrielle aux taux généralement acceptés comme approximativement exacts, de 400 quintaux à l'hectare, on trouve que ces produits ont donné une moyenne de

6,887,550 quint. mét.,

ayant subi dans le cours des années reprises ci-dessous, les variations considérables suivantes :

1840	4,054,668 quint. mét.
1845	4,537,576
1846	5,801,572
1847	5,203,931
1848	4,411,981
1849	7,249,675
1850	9,156,227
1851	7,318,739
1852	7,684,672
1853	8,048,400
1854	10,295,600

Moyenne 6,887,550 quint. mét.

Nous avons vu que dans les deux dernières années, la fabrication de l'alcool avait distrait, au détriment de la sucrerie,….

Indépendamment de sa racine, la betterave livre encore ses fanes, qui ne sont pas sans importance, pour l'alimentation des bestiaux et pour la fumure des terres; ce produit équivaut au tiers du poids de la betterave, et fournit annuellement, d'après le chiffre moyen indiqué ci-dessus,

2,295,850 quint. mét.

considérée comme ressource fourragère cette quantité, si elle était consommée en totalité par le bétail, correspondrait à

368,700 quint. mét. de foin ou au produit de

10,540 hectares de prairies.

Mais elle est obtenue à une époque où les prairies naturelles et artificielles ne sont pas encore épuisées et elle se flétrit d'ailleurs assez rapidement, en sorte qu'une forte proportion est abandonnée sur le sol et enfouie comme engrais. Il serait bien préférable de réserver dans des silos, stratifié avec de courtes pailles, ce fourrage recherché avec avidité par les bêtes bovines, afin d'en faire une portion de leur approvisionnement d'hiver.

Comme engrais, la totalité des fanes aurait pour équivalent

2,764,500 quint. mét. de fumure de ferme.

En totalisant les quantités de produits de la betterave saccharine, on arrive à la somme considérable de

9,183,400 quint. mét.

Le contingent fourni par chaque arrondissement dans la production de la betterave à sucre est très inégal, ainsi que l'indique le tableau ci-après :

	Produit total.
Lille	2,171,847 quint. mét.
Dunkerque . . .	172,419
Hazebrouck . . .	129,972
Avesnes . . .	305,808
Cambrai . . .	491,692
Douai	1,338,876
Valenciennes .	2,276,550
Total . .	6,887,109

Produit par hectare. — Comme nous venons de le voir, le rendement par hectare de la betterave est d'environ :

400 quint. mét.

à quoi il faut ajouter le poids des fanes qui se trouve être de

133 quint. mét.,

ce qui fait en tout

533,3 quint. mét.

Mais il existe sous ce rapport de grandes dissemblances suivant les années, les lieux, et une foule de circonstances qui réagissent sur l'activité de la végétation ; ces dissemblances se font surtout sentir, quand on compare les arrondissements entre eux, ainsi qu'on peut le constater dans le relevé ci-dessus, du contingent de chacun d'eux :

Lille	440 quint. mét.
Dunkerque . . .	370
Hazebrouck . . .	395
Avesnes	370
Cambrai	385
Douai	395
Valenciennes . .	425

Valeur de la production. — Le prix des 1,000 kil. de betteraves a éprouvé de sensibles oscillations dans l'espace des dix dernières années ; il s'est quelquefois abaissé à 15 fr. et a par fois surpassé 25 francs ; cependant on peut admettre, qu'en moyenne, il doit être estimé à 19 francs. Sur cette donnée, la récolte annuelle normale relatée plus haut, aurait produit une valeur de

13,086,345 fr.

Le tableau ci-dessous indique les différences éprouvées chaque année par la valeur de la récolte des betteraves saccharifères :

1840	9,303,160 fr.
1845	7,704,120
1846	8,621,440
1847	11,044,130
1848	13,687,600
1849	8,382,800
1850	13,774,240
1851	17,396,105
1852	13,903,610
1853	15,292,720
1854	24,839,870
Moyenne.	13,086,345 fr.

La valeur des fanes employées comme fumure n'ajouterait à

ce chiffre, au taux de 0,35 le quintal métrique, qu'une somme de 773,979 fr.

Mais employées comme fourrage, ces fanes ont une bien plus grande valeur (celle de 0,67 cent. le quint. mét.), en sorte qu'en admettant qu'elles soient consommées en totalité pour la nourriture des bestiaux, elles produiraient 1,481,617 fr., c'est-à-dire près du double. En considérant le partage égal de ce produit entre ces deux destinations, on arrive à 1,193,775 francs, ce qui porte la production totale de la betterave, à une valeur moyenne de

14,214,143 francs.

Chaque arrondissement participe dans les proportions suivantes à la formation de cette somme.

	Betteraves.	Fanes.	Ensemble.
Lille . . .	4,214,888 fr.	376,453 fr.	4,591,344 fr.
Dunkerque .	315,532	29,886	345,418
Hazebrouck .	237,861	22,528	260,389
Avesnes . .	559,676	53,007	612,682
Cambrai . .	899,840	85,227	985,067
Douai. . .	2,441,099	232,072	2,673,171
Valenciennes.	4,417,449	394,602	4,812,051
Moyenne.	13,086,345	1,193,775	14,280,120

Valeur par hectare. — Elle s'élève ainsi qu'il suit :

Racines.	Fanes.	Ensemble.
760 fr.	68 fr.	828 fr.

Consommation. — Jusque vers ces dernières années, les récoltes de la betterave de Silésie étaient exclusivement employées à l'extraction du sucre, mais à dater de 1852, elles devinrent l'objet d'une industrie nouvelle qui prit de rapides développements, et sur laquelle nous nous sommes déjà suffisamment étendu. Il nous reste, pour compléter l'histoire de cette plante, à traiter de la fabrication du sucre qu'on en retire.

Produits industriels de la betterave saccharine.

SUCRE DE BETTERAVE.

La plus belle et la plus importante industrie agricole, la fabrication du sucre indigène, laissera des traces durables dans l'histoire des progrès de l'économie rurale, parce qu'elle est le point de départ de l'application de la science à la branche principale et essentielle de l'activité humaine.

Les procédés, malgré quelques diversités, se réduisent à râper la racine saccharifère, à soumettre la pulpe qui en résulte à l'action de la presse hydraulique, ou à la lessiver avec l'appareil Schuzembach. On défèque avec l'addition de 0,005 à 0,01 de chaux : on filtre immédiatement, on évapore jusqu'à point de cuite. On laisse cristalliser, puis la mélasse qui baigne les cristaux, en est éliminée ou par écoulement spontané ou à l'aide de la turbine par l'action de la force centrifuge.

Nombre de sucreries. — Dans les dix années qu'embrassent nos investigations, le nombre de fabriques à sucre indigène du département a peu changé ; il est resté, en moyenne, d'environ les 3 cinquièmes de celles qui existent en France ; c'est-à-dire de

153 usines,

très inégalement répandues dans nos sept arrondissements, puisque plus des deux tiers sont le partage des seuls arrondissements de Lille et de Valenciennes, qu'on peut considérer comme les deux grands centres de l'industrie sucrière.

Voici, du reste, le tableau de répartition de ce genre d'établissements :

Lille . . . . 52 fabriques.
Dunkerque 2
Hazebrouck . . . . »
Avesnes 5
Cambrai 13
Douai 27
Valenciennes . . . 54
____
Total. . . 153 fabriques.

Ces établissements occupent pendant le chômage des travaux agricoles et de diverses professions telles que celles qui se rattachent aux bâtiments et constructions, environ 12,000 ouvriers, dont 7,500 hommes, 2,500 femmes et 1,500 enfants. Leurs salaires sont fixés, pour les premiers, à 1 fr. 80 cent.; pour les seconds, à 1 fr. 10 cent., et à 80 cent. pour les derniers, ce qui élève le total de la main-d'œuvre à 1,752,500 fr. 162 machines à vapeur desservent les sucreries, indépendamment de 8 moulins à eau, de 7 moulins à vent, et de 39 manéges. Enfin 11 d'entre elles ont des raffineries pour annexes.

En 1854 et 1855, les deux tiers de ces usines sont restées inactives, ou ont été changées en distilleries, de telle façon que la fabrication de l'alcool a obtenu une prépondérance subite au détriment de la fabrication du sucre, qui a dû lui céder la plus grande partie de son approvisionnement.

Matières premières. — La moyenne de la quantité de betteraves livrées à la sucrerie indigène départementale, dans la période de 1840 à 1854 inclusivement, a été annuellement de

6,471,495 quint. métriq.

chiffre qui diffère peu de celui résultant de la totalité des récoltes saccharines indiquées plus haut, et qui devrait se résumer aussi par une quantité semblable, si dans le cours des années 1853 et 1854 l'industrie de l'alcool n'en avait pas détourné, comme nous venons de le mentionner, une quantité considérable.

L'obtention d'un produit aussi important suppose que dans les assolements on ait consacré à la betterave

16,178 hectares;

estimé au taux moyen de 19 fr. les 1,000 kilog., l'approvisionnement ci-dessus cité de la fabrication du sucre de betterave atteint une valeur de

12,295,840 fr.

qui représente la dépense de matière première à laquelle se trouve soumise la sucrerie indigène.

Noir animal. — A cette somme il convient d'ajouter la valeur du noir animal, substance indispensable à la fabrication du sucre indigène. Il en est consommé un hectolitre par 1,000 kilog. de betteraves ; un dixième en noir neuf et neuf dixièmes en noir révivifié, doivent former une moyenne générale de

647,149 hect.

Noir neuf.	Noir révivifié.
Quantité... 64,715 hect.	582,434 hect.
Valeur à 20 fr. l'hect.	1,294,300 fr.
Révivification au prix de 2 fr. l'hect.	1,164,868 fr.
Total de la dépense. . .	2,459,168 fr.

Charbon. — Comme élément de la production du sucre, on peut encore ranger, à juste titre, le charbon qu'on emploie avec une prodigalité telle, qu'on peut en estimer la proportion d'un kilogr. par trois de betteraves, ce qui donne, pour la totalité de la fabrication moyenne,

2,157,165 quint. mét. de houille.

Malgré les causes qui font diversifier le prix du charbon, on peut le fixer, approximativement, à 2 fr. 50 c. le quintal métritrique, et on obtient ainsi, pour cet ordre de dépense,

5,392,912 fr.

Si on veut totaliser la valeur des matières premières de la sucrerie départementale, on arrive aux chiffres suivants :

Valeur de la betterave. . . . 12,295,840 fr.
   id. du noir animal. . . . 2,459,168
   id. de charbon. 5,392,912

     Ensemble. . . . . 20,147,920 fr.

Production de sucre. — Le dépouillement des registres de l'administration des contributions indirectes donne, comme production de la fabrication du sucre dans le département, les nombres ci-dessous repris, pour les années

1840-41	20,273,438 kilog.
1844-45	22,687,878
1845-46	29,007,859
1846-47	36,019,655
1847-48	22,059,908
1848-49	36,248,377
1849-50	45,781,135
1850-51	36,593,681
1851-52	38,423,362
1852-53	36,479,457
1853-54	42,159,819

Moyenne : 32,357,475 kilog.

Notre fécond département livre donc, à lui seul, des deux cinquièmes à la moitié de la production sucrière continentale française.

Les diverses circonscriptions sous-préfectorales prennent une part très-inégale à la fabrication du sucre indigène, ainsi que le témoigne le tableau ci-après :

Arrondissements.

Lille.	11,027,425 kil.
Dunkerque.	310,769
Hazebrouck.	»
Avesnes.	1,053,919
Cambrai.	2,160,003
Douai	6,680,167
Valenciennes.	11,124,392

    Total. . . . 32,356,575 kil.

Lille et Valenciennes se montrent sur la même ligne pour la fabrication du sucre ; ces deux arrondissements fournissent plus des deux tiers de la production départementale.

Valeur de la production. — Malgré la diversité des qualités et des prix, la valeur moyenne des sucres indigènes doit être généralement considérée comme fixée approximativement à 60 fr. les 100 kilog., et sur cette base, produire un mouvement annuel d'affaire égal à une somme de

19,414,485 fr.

Pulpes. — Mais le sucre n'est pas le seul produit jeté dans la consommation par l'activité des sucreries indigènes ; soumises aux presses, les betteraves, préalablement divisées par l'action de la râpe, laissent 20 pour 100 de leur poids de résidus, désignés sous le nom de pulpe et destinés à la nourriture des bestiaux, calculée sur la récolte normale indiquée ci-dessus comme égale à

6,474,495 quint. métriq.

de betterave, la quantité de pulpe, produite annuellement, équivaut au chiffre de

1,294,299 quint métriq.

C'est une masse fourragère sensiblement égale, par sa puissance nutritive, à

400,000 quint. mét. de foin, ou au produit de
16,428 hectares de prairies naturelles.

L'économie du bétail recouvre donc ainsi en fourrage l'équivalent assez exact de l'espace consacré à la racine saccharifère.

La précieuse ressource ainsi acquise par l'agriculture de l'industrie sucrière revient, à raison de 10 fr. les 1000 kilog., à une somme précisément égale au nombre de quintaux métriques delaissés par les usines à sucre, comme déchet, c'est-à-dire

1,294,299 fr.

Le taux ci-dessus de 10 fr. les 1000 kilog., fait ressortir l'équivalent de pulpe de 100 kilog. de foin, à 3 fr. 03 c., alors que le quintal métrique de cette dernière denrée fourragère s'élève, dans la statistique, à la valeur de 5 fr., ce qui constitue un bénéfice de 1 fr. 97 c., ou pour 1000 kil. de pulpe de 3 fr. 50 c., en sorte que le résultat final de cette modération de prix ATTEINT, au profit des cultivateurs, un total annuel de

453,005 fr.

Mélasse. — Les cristaux de sucre retiennent une matière sirupeuse dont on les purge par lente filtration ou par la force centrifuge des turbines; c'est ce qu'on appelle mélasse, produit sucré que nous avons vu être l'objet d'une industrie spéciale, celle de la fabrication de l'alcool du même nom.

Ce déchet a une importance assez considérable, puisque la fabrication de sucre indigène en a fourni 3 p. 100 du poids de la betterave, représentant les quantités ci-après dans le cours des années :

1840-41	12,164,064 kil.
1845-46	13,612,728
1846-47	17,404,716
1847-48	21,611,793
1848-49	13,235,943
1849-50	21,749,025
1850-51	27,468,681
1851-52	21,956,208
1852-53	23,054,016
1853-54	21,887,673
1854-55	7,295,892

Moyenne : 18,312,794 kil.

Le prix de la mélasse a subi de nombreuses variations durant la période dont nous traçons la statistique agricole; cependant nous estimons, d'après des renseignements d'hommes compétents, qu'on peut admettre 25 fr. par 100 kilog. comme moyenne approximative suffisamment exacte. A ce taux, on peut estimer que la valeur de ces résidus s'élève par an à

4,578,197 fr.

Noir animal épuisé. — Enfin, pour terminer l'énumération des résidus délaissés par la sucrerie indigène, nous devons mentionner le noir animal épuisé de ses propriétés absorbantes, mais qui produit encore cependant de si merveilleux effets comme amendement et comme engrais sur les terres du centre et de l'ouest de la France. C'est à raison de cette propriété que cette matière se vend sur place au prix moyen de 8 francs par hectolitre, ce qui donne pour l'ensemble de ces résidus, une quantité égale à

64,715 hectolitres

s'élevant à une valeur de

517,720 fr.

En récapitulant les produits de la sucrerie indigène, on trouve qu'elle livre annuellement à l'agriculture ou au commerce :

	Quantité.	Valeur.
Sucre. . . .	32,357,475 kil.	19,414,985 fr.
Pulpe. . . .	1,291,299 quint. mét.	1,294,299
Mélasse . . .	18,312,794 kil.	4,578,097
Noir animal épuisé.	64,715 hect.	517,720
	Total. . .	25,802,101 fr.

La valeur des matières premières étant de 20,144,915 fr.
Reste pour frais de production et bénéfice
industriel . . . . 5,654,186 fr.

La quantité et la valeur de la production par hectare, sont ainsi qu'il suit :

	Quantité.	Valeur.
Sucre	2,000 kil.	1,200 fr.
Pulpes.	80 quint. mét.	80
Mélasse	1,200 kil.	300
		1,580
La valeur d'un hectare de betterave étant de		760
Les frais et bénéfices de fabrication donnent		828 fr.

Le résultat final de la magnifique branche d'activité agricole dans la sucrerie, est donc de doubler la valeur d'une récolte sarclée éminemment améliorante et qui sert merveilleusement de préparation à de riches moissons de céréales.

Lille, imp. de Lefebvre-Ducrocq.